住房和城乡建设领域施工现场专业人员继续教育培训教材

标准员岗位知识

中国建设教育协会继续教育委员会　组织编写

中国建筑工业出版社

图书在版编目（CIP）数据

标准员岗位知识/中国建设教育协会继续教育委员会
组织编写 . —北京：中国建筑工业出版社，2019.6
住房和城乡建设领域施工现场专业人员继续教育培训
教材
ISBN 978-7-112-23850-7

Ⅰ.①标… Ⅱ.①中… Ⅲ.①建筑工程-标准化管理-
继续教育-教材 Ⅳ.①TU711

中国版本图书馆 CIP 数据核字（2019）第 113437 号

教材主要从标准实施、新标准宣贯、绿色建造技术和建筑施工标准化建设示
范工程四个方面进行编辑整理。结合标准员工作内容和专业技能需要，通过标准
化示范工程建设实践提升标准员工作技能，重点针对现行更新和出台的标准和规
范进行了要点综述，其中针对强制性标准中的强制性条文进行了必要的说明。

责任编辑：李　杰　李　明
责任校对：李欣慰

住房和城乡建设领域施工现场专业人员继续教育培训教材
标准员岗位知识
中国建设教育协会继续教育委员会　组织编写
*
中国建筑工业出版社出版、发行（北京海淀三里河路 9 号）
各地新华书店、建筑书店经销
唐山龙达图文制作有限公司制版
北京同文印刷有限责任公司印刷
*
开本：787×1092 毫米　1/16　印张：12¼　字数：306 千字
2019 年 8 月第一版　2020 年 5 月第二次印刷
定价：**45.00** 元
ISBN 978-7-112-23850-7
（34141）

丛书编委会

主　任：高延伟　徐家斌

副主任：成　宁　徐盛发　金　强　李　明

委　员（按姓名笔画排序）：

马　记　马升军　王　飞　王正宇　王东升　王建玉

白俊锋　刘　忠　刘　媛　刘清泉　李　志　李　杰

李亚楠　李斌汉　余志毅　张　宠　张丽娟　张贵良

张燕娜　陈华辉　陈泽攀　范小叶　金广谦　金孝权

赵　山　胡本国　胡兴福　黄　玥　阚咏梅　魏億燕

出版说明

住房和城乡建设领域施工现场专业人员（以下简称施工现场专业人员）是工程建设项目现场技术和管理关键岗位从业人员，人员队伍素质是影响工程质量和安全生产的关键因素。当前，我国建筑行业仍处于较快发展进程中，城镇化建设方兴未艾，城市房屋建设、基础设施建设、工业与能源基地建设、交通设施建设等市场需求旺盛。为适应行业发展需求，各类新标准、新规范陆续颁布实施，各种新技术、新设备、新工艺、新材料不断涌现，工程建设领域的知识更新和技术创新进一步加快。

为加强住房和城乡建设领域人才队伍建设，提升施工现场专业人员职业水平，住房和城乡建设部印发了《关于改进住房和城乡建设领域施工现场专业人员职业培训工作的指导意见》（建人〔2019〕9 号）、《关于推进住房和城乡建设领域施工现场专业人员职业培训工作的通知》（建办人函〔2019〕384 号），并委托中国建筑工业出版社组织制定了《住房和城乡建设领域施工现场专业人员继续教育大纲》。依据大纲，中国建筑工业出版社、中国建设教育协会继续教育委员会和江苏省建设教育协会，共同组织行业内具有多年教学和现场管理实践经验的专家编写了本套教材。

本套教材共 14 本，即：《公共基础知识》（各岗位通用）与《××员岗位知识》（13 个岗位），覆盖了《建筑与市政工程施工现场专业人员职业标准》涉及的施工员、质量员、标准员、材料员、机械员、劳务员、资料员等 13 个岗位，结合企业发展与从业人员技能提升需求，精选教学内容，突出能力导向，助力施工现场专业人员更新专业知识，提升专业素质、职业水平和道德素养。

我们的编写工作难免存在不足，请使用本套教材的培训机构、教师和广大学员多提宝贵意见，以便进一步修订完善。

前　　言

　　知识经济时代的继续教育是人才资源开发的主要途径和基本手段，越来越多参加继续教育的专业人员希望掌握该领域的特殊知识和技能，以便确立其自身的专业地位。建设工程施工现场的专业技术人员可通过继续教育，进行知识更新、补充、拓展和能力提高，从而进一步完善知识结构，提升创造力和专业技术水平。考虑到标准员在建设施工企业业务发展中的特殊职业岗位需要，编写人员根据《住房和城乡建设领域施工现场专业人员继续教育大纲》的要求，结合标准员职业能力评价考核用书的内容，组织编写了标准员继续教育用书。

　　五年来，建筑专业技术又有了很快地发展和提高，涌现出了不少新技术、新方法、新信息、新技能，出台了最新的工程建设推荐性标准，原有的国家及建设行业的规范和标准大部分也进行了调整，这在工程实践中也需要做出更新和完善。所以，在这次继续教育用书编写中，予以了重点考虑。同时，结合国家发展战略方向及住房和城乡建设部相关政策文件规定，为适应当前企业标准化建设的需要，本书汇编整理了工程建设质量和安全标准化建设的规范和标准化内容。创新与技术开发是当今社会发展的主流，在工程建设实践中不断进行技术创新，探索新工艺申报发明专利，总结工程实践经验组织编制新工法，完善和修订企业管理和技术标准，不断改进和完善企业的管理制度，提高企业在工程建设市场中的竞争力，这都是标准员履行岗位职责，贯彻执行企业规章制度的必然要求。创新和技术开发内容也是这次标准员继续教育用书的重点编写内容。

　　本书突出职业岗位特点，注重理论联系实际，解决实际问题，重在实践能力和动手能力的培养。教材既可以作为标准员继续教育使用，也可以作为企业在岗从业人员知识和专业技能水平提高的参考用书。内容编排上既保证全书的系统性和完整性，又体现内容的先进性、实用性、可操作性。教材参考使用了二级建造师继续教育中的部分案例，有利于将来的案例教学和实践教学，也可以体现知识水平的提高。

　　该套教材由中国建设教育协会继续教育委员会组织编写，得到了江苏建筑职业技术学院建工学院和中建五局安徽分公司的大力支持。江苏建筑职业技术学院的张贵良、翟红梅和中建五局安徽公司皖北分公司的许政组成一个团队，具体完成了编写和修改工作，本书中借鉴和参考了全国二级建造师继续教育教材中绿色施工技术和示范工程的部分案例、中建五局安徽公司质量和安全标准化建设工作方案和管理制度，特此说明和致谢。

目　　录

第1章 工程建设标准实施的基本要求

标准的实施是指有组织、有计划、有措施地贯彻执行标准的活动，是标准管理、标准编制和标准应用各方将标准的内容贯彻到生产、管理、服务当中的活动过程，是标准化的目的之一，具有重要的意义。

标准化在保障产品质量安全、促进产业转型升级和经济提质增效、服务外交外贸等方面起着越来越重要的作用。但是，从我国经济社会发展日益增长的需求来看，现行标准体系和标准化管理体制已不能完全适应社会主义市场经济发展的需要，甚至在一定程度上影响了经济社会发展。

第1节 国家深化标准化工作的基本要求

《国务院关于印发深化标准化工作改革方案的通知》（国发〔2015〕13号）发布的《深化标准化工作改革方案》明确规定了标准化工作改革要紧紧围绕使市场在资源配置中起决定性作用和更好发挥政府作用，着力解决标准体系不完善、管理体制不顺畅、与社会主义市场经济发展不适应问题，改革标准体系和标准化管理体制，改进标准制定工作机制，强化标准的实施与监督，更好发挥标准化在推进国家治理体系和治理能力现代化中的基础性、战略性作用，促进经济持续健康发展和社会全面进步。

1.1.1 改革的总体目标

建立政府主导制定的标准与市场自主制定的标准协同发展、协调配套的新型标准体系，健全统一协调、运行高效、政府与市场共治的标准化管理体制，形成政府引导、市场驱动、社会参与、协同推进的标准化工作格局，有效支撑统一市场体系建设，让标准成为质量的"硬约束"，推动中国经济迈向中高端水平。

1.1.2 改革措施

通过改革，把政府单一供给的现行标准体系，转变为由政府主导制定的标准和市场自主制定的标准共同构成的新型标准体系。政府主导制定的标准由6类整合精简为4类，分别是强制性国家标准、推荐性国家标准、推荐性行业标准、推荐性地方标准；市场自主制定的标准分为团体标准和企业标准。政府主导制定的标准侧重于保基本，市场自主制定的标准侧重于提高竞争力。同时建立完善与新型标准体系配套的标准化管理体制。

（1）建立高效权威的标准化统筹协调机制

建立由国务院领导同志为召集人、各有关部门负责同志组成的国务院标准化协调推进机制，统筹标准化重大改革，研究标准化重大政策，对跨部门跨领域、存在重大争议标准的制定和实施进行协调。国务院标准化协调推进机制日常工作由国务院标准化主管部门承担。

（2）整合精简强制性标准

在标准体系上，逐步将现行强制性国家标准、行业标准和地方标准整合为强制性国家标准。在标准范围上，将强制性国家标准严格限定在保障人身健康和生命财产安全、国家安全、生态环境安全和满足社会经济管理基本要求的范围之内。在标准管理上，国务院各有关部门负责强制性国家标准项目提出、组织起草、征求意见、技术审查、组织实施和监督；国务院标准化主管部门负责强制性国家标准的统一立项和编号，并按照世界贸易组织规则开展对外通报；强制性国家标准由国务院批准发布或授权批准发布。强化依据强制性国家标准开展监督检查和行政执法；免费向社会公开强制性国家标准文本；建立强制性国家标准实施情况统计分析报告制度。

法律法规对标准制定另有规定的，按现行法律法规执行。环境保护、工程建设、医药卫生强制性国家标准、强制性行业标准和强制性地方标准，按现有模式管理。安全生产、公安、税务标准暂按现有模式管理。核、航天等涉及国家安全和秘密的军工领域行业标准，由国务院国防科技工业主管部门负责管理。

（3）优化完善推荐性标准

在标准体系上，进一步优化推荐性国家标准、行业标准、地方标准体系结构，推动向政府职责范围内的公益类标准过渡，逐步缩减现有推荐性标准的数量和规模。在标准范围上，合理界定各层级、各领域推荐性标准的制定范围，推荐性国家标准重点制定基础通用、与强制性国家标准配套的标准；推荐性行业标准重点制定本行业领域的重要产品、工程技术、服务和行业管理标准；推荐性地方标准可制定满足地方自然条件、民族风俗习惯的特殊技术要求。在标准管理上，国务院标准化主管部门、国务院各有关部门和地方政府标准化主管部门分别负责统筹管理推荐性国家标准、行业标准和地方标准制修订工作。充分运用信息化手段，建立制修订全过程信息公开和共享平台，强化制修订流程中的信息共享、社会监督和自查自纠，有效避免推荐性国家标准、行业标准、地方标准在立项、制定过程中的交叉重复矛盾。简化制修订程序，提高审批效率，缩短制修订周期。免费向社会公开推荐性标准文本。建立标准实施信息反馈和评估机制，及时开展标准复审和维护更新，有效解决标准缺失滞后老化问题。加强标准化技术委员会管理，提高广泛性、代表性，保证标准制定的科学性、公正性。

（4）培育发展团体标准

在标准制定主体上，鼓励具备相应能力的学会、协会、商会、联合会等社会组织和产业技术联盟协调相关市场主体共同制定满足市场和创新需要的标准，供市场自愿选用，增加标准的有效供给。在标准管理上，对团体标准不设行政许可，由社会组织和产业技术联盟自主制定发布，通过市场竞争优胜劣汰；国务院标准化主管部门会同国务院有关部门制定团体标准发展指导意见和标准化良好行为规范，对团体标准进行必要的规范、引导和监督。在工作推进上，选择市场化程度高、技术创新活跃、产品类标准较多的领域，先行开展团体标准试点工作。支持专利融入团体标准，推动技术进步。

（5）放开搞活企业标准

企业根据需要自主制定、实施企业标准。鼓励企业制定高于国家标准、行业标准、地方标准，具有竞争力的企业标准。建立企业产品和服务标准自我声明公开和监督制度，逐步取消政府对企业产品标准的备案管理，落实企业标准化主体责任。鼓励标准化专业机构对企业公开的标准开展比对和评价，强化社会监督。

（6）提高标准国际化水平

鼓励社会组织和产业技术联盟、企业积极参与国际标准化活动，争取承担更多国际标准组织技术机构和领导职务，增强话语权。加大国际标准跟踪、评估和转化力度，加强中国标准外文版翻译出版工作，推动与主要贸易国之间的标准互认，推进优势、特色领域标准国际化，创建中国标准品牌。结合海外工程承包、重大装备设备出口和对外援建，推广中国标准，以中国标准"走出去"带动我国产品、技术、装备、服务"走出去"。进一步放宽外资企业参与中国标准的制定。

1.1.3　组织实施

坚持整体推进与分步实施相结合，按照逐步调整、不断完善的方法，协同有序推进各项改革任务。标准化工作改革分三个阶段实施。

（1）第一阶段（2015-2016 年），积极推进改革试点工作。

加快推进《中华人民共和国标准化法》的修订工作，提出法律修正案，确保改革于法有据，修订完善相关规章制度。（2016 年 6 月底前完成）

国务院标准化主管部门会同国务院各有关部门及地方政府标准化主管部门，对现行国家标准、行业标准、地方标准进行全面清理，集中开展滞后老化标准的复审和修订，解决标准缺失、矛盾交叉等问题。（2016 年 12 月底前完成）

优化标准立项和审批程序，缩短标准制定周期。改进推荐性行业和地方标准备案制度，加强标准制定和实施后评估。（2016 年 12 月底前完成）

按照强制性标准制定原则和范围，对不再适用的强制性标准予以废止，对不宜强制的转化为推荐性标准。（2015 年 12 月底前完成）

开展标准实施效果评价，建立强制性标准实施情况统计分析报告制度；强化监督检查和行政执法，严肃查处违法违规行为。（2016 年 12 月底前完成）

选择具备标准化能力的社会组织和产业技术联盟，在市场化程度高、技术创新活跃、产品类标准较多的领域开展团体标准试点工作，制定团体标准发展指导意见和标准化良好行为规范。（2015 年 12 月底前完成）

开展企业产品和服务标准自我声明公开和监督制度改革试点，企业自我声明公开标准的，视同完成备案。（2015 年 12 月底前完成）

建立国务院标准化协调推进机制，制定相关制度文件；建立标准制修订全过程信息公开和共享平台。（2015 年 12 月底前完成）

主导和参与制定国际标准数量达到年度国际标准制定总数的 50%。（2016 年完成）

（2）第二阶段（2017-2018 年），稳妥推进向新型标准体系过渡。

确有必要强制的现行强制性行业标准、地方标准，逐步整合上升为强制性国家标准。（2017 年完成）

进一步明晰推荐性标准制定范围，厘清各类标准间的关系，逐步向政府职责范围内的公益类标准过渡。（2018 年完成）

培育若干具有一定知名度和影响力的团体标准制定机构，制定一批满足市场和创新需要的团体标准；建立团体标准的评价和监督机制。（2017 年完成）

企业产品和服务标准自我声明公开和监督制度基本完善并全面实施。（2017 年完成）

国际国内标准水平一致性程度显著提高，主要消费品领域与国际标准一致性程度达到 95% 以上。（2018 年完成）

（3）第三阶段（2019-2020 年），基本建成结构合理、衔接配套、覆盖全面、适应经济社会发展需求的新型标准体系。

理顺并建立协同、权威的强制性国家标准管理体制。（2020年完成）

政府主导制定的推荐性标准限定在公益类范围，形成协调配套、简化高效的推荐性标准管理体制。（2020年完成）

市场自主制定的团体标准、企业标准发展较为成熟，更好满足市场竞争、创新发展的需求。（2020年完成）

参与国际标准化治理能力进一步增强，承担国际标准组织技术机构和领导职务数量显著增多，与主要贸易伙伴国家标准互认数量大幅增加，我国标准国际影响力不断提升，迈入世界标准强国行列。（2020年完成）

第2节　施工企业标准化实施的工作要求

标准化是一项有目的的活动，标准化的目的只有通过标准的实施才能达到。一项标准发布后，能否达到预期的经济效果和社会效益，使标准由潜在的生产力转化为直接的生产力，关键就在于认真切实地实施标准。标准是通过实施，才得以实实在在地把技术标准转化为生产力，改善生产管理，提高质量，从而增强企业的市场竞争能力。

企业标准化工作的主要内容是，贯彻执行国家和地方有关标准化的法律、法规、方针政策，实施国家标准、行业标准和地方标准，并结合本企业的实际情况，制定企业标准，建立和实施企业标准体系，对标准实施进行监督检查，开展标准体系和标准实施的评估、评价工作，积极改进企业标准化工作，参与国家标准化工作。

对于工程建设企业，企业标准化工作是一项细致而复杂的工作，工程建设企业标准化体系的建立以及企业标准的制定、实施和监督检查均需要投入一定的人力、物力和财力。因此，工程建设企业必须加强企业标准化工作的组织领导，应当由本企业的主要领导负责，本企业内部各部门主要负责人组成企业标准化委员会，建立企业标准化管理机构，统一领导和协调本企业的标准化工作。同时，应建立一支精干稳定的标准化工作队伍。

1.2.1　标准实施的原则

标准是企业生产的依据，生产的过程就是贯彻、执行标准的过程，是履行社会责任的过程，生产过程中标准执行要把握好以下原则。

（1）强制性标准，企业必须严格执行

工程建设中，国家标准、行业标准、地方标准中的强制性标准直接涉及工程质量、安全、环境保护和人身健康，依照《标准化法》《建筑法》《建设工程质量管理条例》等法律法规，企业必须严格执行，不执行强制性标准，企业要承担相应的法律责任。

（2）推荐性标准，企业一经采用，应严格执行

国家标准、行业标准中的推荐性标准，主要规定的是技术方法、指标要求和重要的管理要求，是严格按照管理制度要求标准制修订程序并经过充分论证和科学实验，在实践基础上制定的，具有较强的科学性，对工程建设活动具有指导、规范作用，对于保障工程顺利完成、提高企业的管理水平具有重要的作用。因此，对于推荐性标准，只要适用于企业所承担的工程项目建设，就应积极采用。企业在投标中承诺所采用的推荐性标准，以及承包合同中约定采用的推荐性标准，应严格执行。

（3）企业标准，只要纳入到工程项目标准体系当中，应严格执行

企业标准是企业的一项制度，是国家标准、行业标准、地方标准的必要补充，是为实现企业的目标而制定的，只要纳入到工程项目建设标准体系当中，就与体系中的相关标准相互依存、相互关联、相互制约，如果标准得不到实施，就会影响其他标准的实施，标准体系的整体功能得不到发挥，因此，企业标准只要纳入到工程项目标准体系当中，在工程项目建设过程中就应严格执行。

1.2.2　企业标准员工作内容

（1）标准宣贯培训。标准出台发布是为了在生产经营活动中及时地被应用，确保标准有效贯彻执行，让执行标准的人员掌握标准中的各项要求，企业和工程项目部均要组织发布标准的宣贯活动。标准发布后，企业需要派本企业人员参加标准化主管部门组织的宣贯培训，然后以会议的形式请熟悉标准专业人员向本企业的有关人员讲解标准的内容，也可以研讨的方式相互交流，加深对标准内容的理解；工程项目部则根据工程项目的实际情况，有针对性地开展宣贯培训。

（2）标准实施交底。具体工作一般由施工现场标准员，向其他岗位人员说明工程项目建设中应执行的标准及要求。标准实施交底工作可与施工组织设计交底相结合，标准员要详细列出各岗位应执行的标准明细以及强制性条文明细，说明标准实施的具体要求。

（3）标准实施监督。对标准实施进行监督是为了保障工程安全质量、保护环境、保障人身健康，并通过监督检查，发现标准自身存在的问题，改进标准化工作。施工现场施工员、质量员、安全员等各岗位的人员工作均是围绕标准的实施开展的，标准实施监督也是各岗位人员的重要职责。施工现场标准员要围绕工程项目标准体系中所明确应执行的全部标准开展标准实施监督检查工作，主要任务一是监督施工现场各管理岗位人员是否认真执行标准；二是监督施工过程各环节全面有效执行标准的情况；三是解决标准执行过程中出现的问题。

（4）标准实施检查。施工现场标准员是通过现场巡视检查和施工记录资料查阅，针对不同类别的标准采取不同的检查方式进行标准实施的监督检查。施工方法标准的检查，是通过施工现场的巡视、查阅施工记录、填写检查记录表，检查操作过程是否满足标准规定的各项技术指标要求；工程质量标准的检查，通过验收资料的查阅填写检查记录表，检查质量验收的程序是否满足标准的要求，同时要检查质量验收是否存在遗漏检查项目的情况，重点检查强制性标准的执行情况；对建筑材料和产品标准的检查，则重点检查进场的材料与产品的规格、型号、性能等是否符合工程设计的要求，一般是在进场后通过现场取样、复试，复试的结果确定材料与产品是否符合工程的需要，以及对不合格产品处理是否符合相关标准的要求并填写检查记录表；工程安全、环境、卫生标准的检查，是通过现场巡视的方式检查工程施工过程中所采取的安全、环保、卫生措施是否符合相关标准的要求，重点是危险源、污染源的防护措施和卫生防疫条件，同时还要检查相关岗位人员的履职情况。

（5）监督新技术、新材料、新工艺的应用。一般经过充分论证和有关机构的批准，制定切实可行的新技术、新材料、新工艺应用方案并制定质量安全检查验收的标准。同时，要分析推广应用的新技术、新材料、新工艺与国家、行业相关标准的关系，经企业向标准化主管部门提出标准制修订建议。

（6）标准整改建议。对于由于操作人员和管理人员对标准理解不正确造成的问题，标准员应及时进行咨询，以便正确掌握标准的要求；标准员要认真记录监督检查中发现的问题，并对照标准分析出现问题的原因、提出整改措施、填写整改通知单且发给相关岗位管理人员。

1.2.3 标准实施效果评价

工程建设标准化的目的是促进最佳社会效益、经济效益、环境效益和获得最佳资源及能源使用效率，因此，在标准实施效果评价中设置经济效果、社会效果、环境效果三个指标，使得标准的实施效果体现在具体某一因素的控制上。评价结果一般是可量化并能用数据的方式表达的，也可以是对实施自身、现状等进行的比较，即也可以是不可量化的效果。

评价综合类标准实施效果时，要分别分析标准实施后对规划、勘察、设计、施工、运行等工程建设全过程各个环节的影响，综合评估标准的实施效果，实施效果评价内容见表1-1。

实施效果评价内容 表 1-1

指标	评价内容
经济效果	1. 是否有利于节约材料； 2. 是否有利于提高生产效率； 3. 是否有利于降低成本(其他方面,影响成本的因素)
社会效果	1. 是否对工程质量和安全产生影响； 2. 是否对施工过程安全生产产生影响； 3. 是否对技术进步产生影响； 4. 是否对人身健康产生影响； 5. 是否对公众利益产生影响
环境效果	1. 是否有利于能源资源节约； 2. 是否有利于能源资源合理利用； 3. 是否有利于生态环境保护

第3节 工程质量安全标准化工作要求

1.3.1 工程质量管理标准化工作

1. 建立质量管理体系，制定质量管理体系的文件

（1）施工企业应结合自身特点、相关方期望、应对风险和机遇及质量管理需要，建立质量管理体系并形成文件。施工企业应分析内外部环境，确定与企业发展目标和战略方向相关的影响质量管理体系的关键因素，明确质量管理体系相关方的需求及期望，界定质量管理体系的适用范围，并对改进机会进行识别。

解释说明：

施工企业的外部环境包括：法律、技术、竞争、文化、社会、经济和自然环境等。

施工企业的内部环境包括：企业理念、价值观、宗旨、发展方向、资质、品牌、产品结构、设计能力、施工能力、核心技术、人力资源、资金实力、运营模式等。

相关方包括：直接顾客（发包方），最终使用者，供应方，分包方，监理、勘察、设计方，合作伙伴、政府主管部门及其他。

施工企业质量管理需明确并合理界定质量管理范围，以确保质量管理的适宜性、充分性和有效性。适宜性、充分性、有效性是质量管理体系的核心特征。

适宜性是指质量管理体系与组织所处的客观情况的适宜程度。这种适宜程度应是动态的，即质量管理体系需具备随内外部环境的改变而做出相应调整或改进的能力，以实现规定的质量方针和质量目标。

充分性是指质量管理体系对组织全部质量活动过程覆盖和控制的程度，即质量管理体系的要求、过程展开和受控是否全面，也可以理解为体系的完善程度。

有效性是指质量管理体系实现质量目标的程度，即质量管理体系实施过程对于实现质量目标的有效程度。

（2）施工企业质量管理体系文件应包括下列内容：

1）质量方针和目标；

2）质量管理体系范围及说明；

3）质量管理制度；

4）质量管理作业文件；

5）质量管理活动记录。

记录是特殊形式的文件，可以以多种媒体形式出现。需确定记录管理的范围和类别，凡在日常质量活动中形成的记载各类质量管理活动的文件均属于记录。记录的形成需与质量活动同步进行。

（3）施工企业应制定质量方针并体现企业质量管理的宗旨和战略方向，在界定的质量管理体系范围内应符合下列要求：

1）应依法服务于发包方，增强其满意程度；

2）应履行社会责任，树立企业形象和品牌；

3）应持续改进质量管理绩效。

建立质量方针可以统一全体员工质量意识，规范其质量行为，明确质量管理体系的方向和原则，是检验质量管理体系运行效果的标准。质量方针需经过最高管理者批准后生效。

（4）施工企业应根据质量方针制定质量目标，建立和实施质量目标管理制度，明确企业质量管理应达到的水平。同时还应将质量目标分解到相关管理职能、层次和过程，并定期进行考核。

（5）施工企业应建立并实施文件和记录管理制度，文件管理应符合下列规定：

1）文件应经审批后方可发布；

2）应根据质量管理需要对文件的适用性进行评审，必要时进行修订并重新审批、发布；

3）应识别并获取相关法律法规、标准规范及其他外来文件，控制其发放；

4）应确保在使用场所获得所需文件的适用版本；

5）应保证相关人员明确其活动所依据的文件；

6）应将作废文件撤出使用场所或加以标识。

2. 质量管理组织机构建设

（1）施工企业应建立质量管理体系的组织机构，配备相应质量管理人员，规定相关管理层次、部门、岗位的质量管理职责，界定范围、明确责任和授予权限，并形成文件。

（2）施工企业的质量管理职责，是在满足工程产品需求的基础上在其管理范围内所规定的责任与权利的统一，其中界定范围、分配责任、授予权限是核心工作。

1）施工企业应设立质量管理部门，并规定其组织和协调质量管理工作的职能；

2）项目部应根据工程需要和规定要求，设置相应的质量管理部门或岗位；

3）各层次质量管理部门和岗位的设置，应满足资源与需求匹配、责任与权利一致的要求。

（3）最高管理者应证实其对质量管理体系的领导作用和承诺，确保质量管理体系适应市场竞争和企业发展的需要，其管理职责应包括下列内容：

1）组织策划质量管理体系；

2）组织制定、批准质量方针和目标；

3）确保质量管理体系融入企业的业务过程；

4）促进使用过程方法和基于风险的思维；

5）建立质量管理的组织机构；

6）提升员工的质量意识和保证质量的能力；

7）确定和配备质量管理所需的资源；

8）支持其他管理者履行其相关领域的职责；

9）实施、评价并改进质量管理体系；

10）确保实现质量管理体系的预期结果。

（4）由最高管理者指定的管理者代表，其管理职责应包括下列内容：

1）应协助最高管理者实现其职责；

2）应协调质量管理体系的相关活动；

3）应向最高管理者报告质量管理体系的绩效和改进需求；

4）应落实质量管理体系与外部联系的有关事宜。

（5）项目经理应确保工程项目质量管理的有效性，其管理职责应包括下列内容：

1）应建立健全项目管理组织和质量管理制度；

2）应组织实施工程项目质量管理策划；

3）应落实项目质量目标实现所需资源；

4）应组织实施过程质量控制和检查验收；

5）应履行合同约定的其他事项。

3. 人力资源管理

（1）最高管理者需根据企业发展的需要组织编制人力资源发展规划，明确人力资源管理活动的流程和方法，根据质量管理需求配备相应的管理、技术及作业人员。

（2）施工企业的项目经理、技术负责人、质量检查、计量、试验管理等人员需要达到有关上岗的规定要求，要求注册的岗位经注册后方能执业。

（3）施工企业应建立员工考核制度，使各层次管理者中与质量有关的人员意识到质量方针和质量目标的重要性，对质量管理有效性的贡献，偏离质量管理要求的后果。

（4）根据岗位特点和需求，施工企业宜分层分类实施培训。对员工的培训应包括下列内容：

1）质量方针、目标及质量意识；

2）相关法律法规和国家现行标准；

3）质量管理制度；

4）专业知识、作业要求；

5）继续教育。

继续教育是指与质量有关的继续教育内容，如行业新动态、新规范、新工艺、新技术、新材料、新设备、项目管理新知识等。

（5）施工企业需分层分类实施有针对性的培训，如按高管层、中层、一般管理人员、一线操作人员层次，按公司、项目部等不同层级进行培训；按经营、质量、工程、技术、设备、物资等分专业进行系统培训；按木工、焊工、电工等不同工种进行岗位培训或技术交底。

4. 投标及合同管理

（1）施工企业应识别投标工程项目的相关要求，其要求应包括下列内容：

1）招标文件和相关的明示要求；

2）发包方未明示但应满足的要求；

3）法律法规、国家现行标准要求；

4）施工企业的相关要求。

发包方的要求包括招标文件及合同在内的各种形式的要求。

发包方明示的要求是指发包方在招标文件及工程合同等书面文件中明确提出的要求（口头要求须形成文件）。

发包方未明示但应满足的要求是指需满足行业的技术或管理要求、与工程相关的法律法规和标准规范及施工企业自身设计和施工能力需满足的要求。

（2）施工企业应通过评审，确认具备满足工程项目有关要求的能力后依法进行投标，并保证投标文件和投标过程的合规性。

施工企业须在投标前，确定与工程项目有关的要求，并通过适宜的方式（会议、网上、文件传递等）对这些要求进行评审，以确认是否有能力满足这些要求。

（3）施工企业须对投标及履约过程进行监控，监督管理需依据规范的管理流程实施，以确保合法实施投标活动和履行工程合同。

（4）施工企业应依法签约，并通过合同交底或其他信息传递方式，确保相关人员掌握合同的内容和要求。

工程合同要求可根据需要采用合同文本、会议、培训、书面交底等多种方式传递。

（5）·对工程合同履行中发生的变更，施工企业应以书面文件签认，并作为工程合同的组成部分。变更的内容、程序应符合相关约定。

施工过程中产生的变更包括来自发包方、勘察设计、监理单位的变更以及施工企业提出的、经认可的变更。

（6）在工程合同履行的各阶段，施工企业应与发包方或其代表进行有效沟通，确定相关方需求，形成必要记录，并定期检查、分析、评价工程合同履行情况。

与发包方或其代表的沟通内容包括合同的履约情况，工程的变更信息，发包方反馈，发包方财产的处置和控制，制定有关应急措施的特定要求等。

5. 施工机具与设施管理

（1）施工企业应建立并实施施工机具与设施管理制度，对施工机具与设施的配备、安装、拆除与验收、使用与维护作出规定。

（2）施工企业应建立施工机具与设施供应方评价制度。在采购或租赁前应进行供应方评价，并保存相关资料和评价记录。对供应方的评价应包括下列内容：

1）企业资质、经营状况、信誉；

2）产品和服务质量；

3）产品技术性能；

4）供货能力和协作水平；

5）价格。

大型施工机具的随机文件需作为施工机具档案按照相关制度的规定归档管理。

对于租赁的设备需按照合同的规定验证其施工机具型号、随行操作人员的资格证明等。

（3）施工企业应对施工机具与设施的使用过程进行定期检查，保持其技术性能安全可靠，并保存相关记录。

施工机具在使用过程中需符合定机、定人、定岗、持证上岗、交接、维护保养等规定。施工企业需建立必要的施工机具档案，制定施工机具技术和安全管理规定。

6. 工程材料、构配件和设备管理

（1）施工企业应建立并实施工程材料、构配件和设备管理制度，对工程材料、构配件和设备的采购、进场验收、现场管理及不合格品的控制作出规定。

（2）工程材料、构配件和设备采购前，施工企业应对供应方进行评价和选择，并依据工程材料、构配件和设备对工程施工及工程质量的影响程度确定评价方法。当发现供应方服务发生变化时，应进行重新评价。

对供货厂家评价时，一般需在下列范围内收集可以溯源的证明资料：

1）企业资质证明、产品生产许可证明；

2）产品鉴定证明；

3）产品质量证明；

4）厂家质量管理体系情况；

5）产品生产能力证明；

6）与该厂家合作的证明；

7）用户评价；

8）其他特殊要求的证明。

对经销商进行评价时，一般需在如下范围内收集可以溯源的证明资料：

1）经营许可证明；

2）产品质量证明；

3）用户评价；

4）与该经销商合作的证明。

评价、选择和重新评价的适当记录可包括：对供应方的各种形式的调查记录、相应的证明资料、施工企业评价记录、选择记录、合格供应方名录（名单）、供货验收记录等。若以招标形式选择供应方，则应保存招标过程的各项记录。

（3）施工企业应对工程材料、构配件和设备进场验收的内容、方法和时间进行控制，形成记录，并根据需求到供应方的现场进行验证。对涉及工程结构安全、节能、环境保护和主要使用功能的工程材料、构配件和设备进行标识，并具有可追溯性。经验收不合格的工程材料、构配件和设备，施工企业应采取记录、标识、隔离的措施，防止其被误用的可能，并应按规定的程序进行处理，记录处理结果。

（4）施工企业应按工程合同约定对发包方提供的工程材料、构配件和设备进行识别与验收，并保存相关记录。当发现发包方提供的工程材料、构配件和设备不符合设计要求和国家现行相关标准规定时，施工企业应向发包方报告，并进行处理，形成记录。

7. 分包管理

（1）施工企业应将分包工程的管理过程纳入质量管理体系，对分包方选择、分包项目实施过程管理、分包工程质量验收作出规定。

（2）施工企业依据工程项目需要经评价后选择分包方，对分包方的评价应包括下列内容：

1）经营许可和施工资质；

2）工程业绩与社会信誉；

3）人员结构、执业资格和素质；

4）施工机具与设施；

5）专业技术和施工管理水平；

6）协作、配合、服务和抗风险能力。

（3）分包项目实施前，施工企业应对分包方的下列施工和服务条件进行验证和确认：

1）项目管理机构；

2）进场人员的数量和资格；

3）主要工程材料、构配件和设备；

4）投入的施工机具与设施。

（4）施工企业应对分包方的下列施工和服务过程及结果进行监督管理：

1）关键岗位、人员变动、技术措施、质量控制和材料验收；

2）施工进度、安全条件、污染防治和服务水平。

（5）分包方应对分包工程进行自检。

1）对分包工程质量验收过程发现的问题，施工企业应提出整改要求并跟踪复查；

2）分包工程竣工后，施工企业应按国家现行工程施工质量验收标准、竣工档案资料归档要求和分包合同约定，验收分包方移交的归档资料。

8. 施工项目质量控制过程

（1）施工总承包企业应建立工程设计质量管理制度，按设计文件和合同约定进行工程设计，并对工程设计质量进行控制。设计结果应满足实现预期目的、保证结构安全和使用功能所需的工程和服务特性，符合合同要求，并形成文件，经审批后使用。

（2）项目部应根据约定接收设计文件、参加设计交底和图纸会审，并对结果进行确认。

（3）施工企业应对工程项目质量管理策划结果进行交底，项目部应确认施工现场已具备开工条件，进行报审、报验，提出开工申请，经批准后方可开工。

（4）施工企业应对施工过程进行控制，通过下列活动保证工程项目质量：

1）正确使用工程设计文件、施工规范和验收标准，使用时对施工过程实施样板引路；

2）调配合格的操作人员；

3）配备使用工程材料、构配件和设备、施工机具的检测设备；

4）进行施工检查；

5）对施工作业环境进行控制；

6）合理安排施工进度；

7）对成品、半成品采取保护措施；

8）对突发事件实施应急响应与监控；

9）对能力不足的施工过程进行监控；

10）确保分包方的施工过程得到控制；

11）采取措施防止人为错误；

12）保证各项变更满足规定要求。

（5）施工企业应建立和保持施工过程中的质量记录，记录的形成应与工程施工过程同步，包括下列内容：

1）图纸的接收、发放、会审与设计变更的有关记录；

2）施工日记；

3）交底记录；

4）岗位资格证明；

5）工程测量、技术复核、隐蔽工程验收记录；

6）工程材料、构配件和设备的检查验收记录；

7）施工机具、设施、检测设备的验收及管理记录；

8）施工过程检测、检查与验收记录；

9）质量问题的整改、复查记录；

10）项目质量管理策划结果规定的其他记录。

（6）施工企业应规定相关层次施工变更的管理范围、岗位责任和工作权限，项目部应明确施工变更的工作流程和方法。变更控制应依据下列程序实施：

1）变更的需求和原因确认；

2）变更的沟通与协商；

3）变更文件的确认或批准；

4）变更管理措施的制定与实施；

5）变更管理措施有效性的评价。

9. 交付与服务

（1）项目部应在自检合格后报验。未经验收或验收不合格的工程不得转入下道工序或交付。

（2）施工企业应参加发包方组织的工程竣工验收，并对验收过程发现的质量问题进行整改。

（3）按建设工程竣工档案资料归档的相关要求，收集、整理工程竣工资料。工程竣工验收后，按合同要求向相关方移交工程竣工档案资料。

（4）施工企业应按工程合同约定进行工程竣工交付。在规定期限内，施工企业对服务的需求信息应作出响应。服务活动宜包括下列内容：

1）工程保修；

2）提供工程使用说明；

3）非保修范围内的维修；

4）工程合同约定的其他服务。

10. 质量管理检查、分析、评价和改进

（1）施工企业应明确各管理层次和岗位的质量管理检查、分析、评价、改进职责，相关人员应具备规定的能力和资格。

（2）质量管理检查应包括下列内容：

1）法律法规、国家现行相关标准和工程合同的执行情况；

2）质量管理制度及其作业文件的落实情况；

3）各层次管理职责的落实程度；

4）质量目标的实现效果和工程质量的符合程度；

5）企业和相关方整改要求的落实情况。

（3）质量管理分析应确保其结果的有效性，分析程序包括下列内容：

1）收集质量管理信息；

2）进行数据统计分析；

3）确定质量管理状态；

4）形成信息分析结果。

（4）质量管理分析的结果应包括下列内容：

1）工程建设相关方对工程质量与质量管理的满意程度；

2）工程设计、工程施工和服务质量满足要求的程度；

3）与供应方、分包方合作的情况；

4）工程质量、质量管理发展趋势以及改进的需求。

（5）质量管理评价应包括下列内容：

1）质量管理体系的适宜性、充分性和有效性；

2）工程设计、施工和服务质量管理发展趋势、潜在问题预测；

3）应对风险和机遇措施的有效性；

4）以往质量管理评价的跟踪措施；

5）资源的充分性；

6）改进机会和体系变更需求。

（6）根据已识别的质量改进需求，施工企业应确定改进的优先顺序、领域、目标和措施，实施与验证改进措施的有效性，并根据需求修改相应的管理制度。质量改进措施应符合下列规定：

1）应对已发生质量问题的原因进行分析，并制定和实施纠正措施；

2）应对质量问题可能导致的风险进行分析，并制定和实施应对措施；

3）应对质量改进有利的机遇进行分析，并制定和实施应对措施。

（7）施工企业应对制定的纠正措施或应对风险和机遇的措施在实施前进行评价，识别措施中出现的新的质量问题或控制需求，以确保相关措施的充分性。

1.3.2 建筑工程施工质量评价标准

1. 评价体系

（1）建筑工程施工质量评价应根据建筑工程特点分为地基与基础工程、主体结构工程、屋面工程、装饰装修工程、安装工程及建筑节能工程等六个部分（如图1-1所示）。

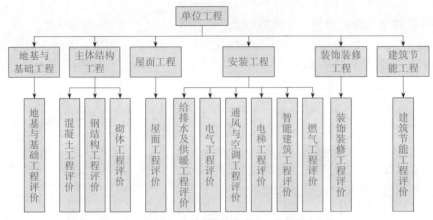

注：1. 地下防水工程的质量评价列入地基与基础工程。

2. 地基与基础工程中的基础部分的质量评价列入主体结构。

图1-1 工程质量评价内容

（2）每个评价部分应根据其在整个工程中所占的工作量及重要程度给出相应的权重，其权重应符合表1-2的规定。

工程评价部分权重 表1-2

工程评价部分	权重（%）	工程评价部分	权重（%）
地基与基础工程	10	装饰装修工程	15
主体结构工程	40	安装工程	20
屋面工程	5	建筑节能工程	10

注：1. 主体结构、安装工程有多项内容时，其权重可按实际工作量分配，但应为整数。

2. 主体结构中的砌体工程若是填充墙时，最多只占10%的权重。

3. 地基与基础工程中基础及地下室结构列入主体结构工程中评价。

（3）每个评价部分应按工程质量的特点，分为性能检测、质量记录、允许偏差、观感质量等四个评价项目。

（4）每个评价项目应根据其在该评价部分内所占的工作量及重要程度给出相应的项目分值，其项目分值应符合表1-3的规定。

评价项目分值　　　　　　　　　　　　表 1-3

序号	评价项目	地基与基础工程	主体结构工程	屋面工程	装饰装修工程	安装工程	节能工程
1	性能检测	40	40	40	30	40	40
2	质量记录	40	30	20	20	20	30
3	允许偏差	10	20	10	10	10	10
4	观感质量	10	10	30	40	30	20

注：用本标准各检查评分表检查评分后，将所得分换算为本表项目分值，再按规定换算为本表的权重。

（5）每个评价项目应包括若干项具体检查内容，对每一具体检查内容应按其重要性给出分值，其判定结果分为两个档次：一档应为 100% 的分值；二档应为 70% 的分值。

（6）结构工程、单位工程施工质量评价综合评分达到 85 分及以上的建筑工程应评为优良工程。

2. 评价方法

（1）性能检测评价方法符合下列规定

1）检查标准：检查项目的检测指标一次检测达到设计要求及规范规定的应为一档，取 100% 的分值；按相关规范规定，经过处理后满足设计要求及规范规定的应为二档，取 70% 的分值。

2）检查方法：核查性能检测报告。

（2）质量记录评价方法应符合下列规定：

1）检查标准：材料、设备合格证、进场验收记录及复试报告、施工记录及施工试验等资料完整，能满足设计要求及规范规定的应为一档，取 100% 的分值；资料基本完整并能满足设计要求及规范规定的应为二档，取 70% 的分值。

2）检查方法：核查资料的项目、数量及数据内容。

（3）允许偏差评价方法应符合下列规定：

1）检查标准：检查项目 90% 及以上测点实测值达到规范规定值的应为一档，取 100% 的分值；检查项目 80% 及以上测点实测值达到规范规定值，但不足 90% 的应为二档，取 70% 的分值。

2）检查方法：在各相关检验批中，随机抽取 5 个检验批，不足 5 个的取全部进行核查。

（4）观感质量评价方法应符合下列规定：

1）检查标准：每个检查项目以随机抽取的检查点按"好""一般"给出评价。项目检查点 90% 及其以上达到"好"，其余检查点达到"一般"的应为一档，取 100% 的分值；项目检查点 80% 及其以上达到"好"，但不足 90%，其余检查点达到"一般"的应为二档，取 70% 的分值。

2）检查方法：核查分部（子分部）工程质量验收资料。

3. 施工质量综合评价

（1）结构工程质量核查评分应按下式计算：

$$P_S = A + B \tag{1-1}$$

式中 P_S——结构工程评价得分；

　　A——地基与基础工程权重实得分；

　　B——主体结构工程权重实得分。

（2）单位工程质量核查评分应按下式计算：

$$P_C=P_S+C+D+E+F+G \tag{1-2}$$

式中 P_C——单位工程质量核查得分；

　　C——屋面工程权重实得分；

　　D——装饰装修工程权重实得分；

　　E——安装工程权重实得分；

　　F——节能工程权重实得分；

　　G——附加分。

1.3.3 施工企业安全生产评价标准

本标准适用于对施工企业进行安全生产条件和能力的评价。

（1）施工企业安全生产条件应按安全生产管理、安全技术管理、设备和设施管理、企业市场行为和施工现场安全管理等 5 项内容进行考核。各自考核标准及分值权重详见表 1-4～表 1-8。

安全生产管理评分表　　　　表 1-4

序号	评定项目	评分方法	应得分
1	安全生产责任制度	查企业有关制度文本；抽查企业各部门、所属单位有关责任人对安全生产责任制的知晓情况，查确认记录，查企业考核记录； 查企业文件，查企业对下属单位各级管理目标设置及考核情况记录；查企业安全生产奖惩制度文本和考核、奖惩记录	20
2	安全文明资金保障制度	查企业制度文本、财务资金预算及使用记录	20
3	安全教育培训制度	查企业制度文本、企业培训计划文本和教育的实施记录、企业年度培训教育记录和管理人员的相关证书	15
4	安全检查及隐患排查制度	查企业制度文本、企业检查记录、企业对隐患整改消项、处置情况记录、隐患排查统计表	15
5	生产安全事故报告处理制度	查企业制度文本； 查企业事故上报及结案情况记录	15
6	安全生产应急救援制度	查企业应急预案的编制、应急队伍建立情况以相关演练记录、物资配备情况	15

安全技术管理评分表　　　　表 1-5

序号	评定项目	评分方法	应得分
1	法规标准和操作规程配置	查企业现有的法律、法规、标准、操作规程的文本及贯彻实施记录	10
2	施工组织设计	查企业技术管理制度，抽查企业备份的施工组织设计	15
3	专项施工方案（措施）	查企业相关规定、实施记录和专项施工方案备份资料	25
4	安全技术交底	查企业相关规定、企业实施记录	25
5	危险源控制	查企业规定及相关记录	25

设备和设施管理评分表　　　　　　　　　　　表 1-6

序号	评定项目	评分方法	应得分
1	设备安全管理	查企业设备安全管理制度,查企业设备清单和管理档案	30
2	设施和防护用品	查企业相关规定及实施记录	30
3	安全标志	查企业相关规定及实施记录	20
4	安全检查测试工具	查企业相关记录	20

企业市场行为评分表　　　　　　　　　　　表 1-7

序号	评定项目	评分方法	应得分
1	安全生产许可证	查安全生产许可证及各类人员相关证书	20
2	安全生产文明施工	查各级行政主管部门管理信息资料,各类有效证明材料	30
3	安全质量标准化达标	查企业相应管理资料	20
4	资质、机构与人员管理	查企业制度文本和机构、人员配备证明文件,查人员资格管理记录及相关证件,查总、分包单位的管理资料	30

施工现场安全管理评分表　　　　　　　　　表 1-8

序号	评定项目	评分方法	应得分
1	施工现场安全达标	查现场及相关记录	30
2	安全文明资金保障	查现场及相关记录	15
3	资质和资格管理	查对管理记录、证书,抽查合同及相应管理资料	15
4	生产安全事故控制	查检查记录及隐患排查统计表,应急预案的编制及应急队伍建立情况以及相关演练记录、物资配备情况	15
5	设备设施工艺选用	查现场及相关记录	15
6	保险	查现场及相关记录	10

（2）评价方法

施工企业每年度应至少进行一次自我考核评价。发生下列情况之一时,企业应再进行复核评价:

1）适用法律、法规发生变化时;

2）企业组织机构和体制发生重大变化后;

3）发生生产安全事故后;

4）其他影响安全生产管理的重大变化。

（3）评价组织与实施

1）施工企业考核自评应由企业负责人组织,各相关管理部门均应参与。

2）评价人员应具备企业安全管理及相关专业能力,每次评价不应少于 3 人。

3）抽查及核验企业在建施工现场,应符合下列要求:

①抽查在建工程实体数量,对特级资质企业不应少于 8 个施工现场;对一级资质企业不应少于 5 个施工现场;对一级资质以下企业不应小于 3 个施工现场;企业在建工程实体少于上述规定数量的,则应全数检查;

②核验企业所属其他在建施工现场安全管理状况,核验总数不应少于企业在建工程项

目总数的 50%。

（4）评分

安全生产条件和能力评分应符合下列要求：

1）施工企业安全生产评价应按评定项目、评分标准和评分方法进行，并应符合本标准附录 A 的规定，满分分值均应为 100 分；

2）在评价施工企业安全生产条件能力时，应采用加权法计算，权重系数应符合表 1-9 的规定。

权重系数 表 1-9

评价内容			权重系数
无施工项目	①	安全生产管理	0.3
	②	安全技术管理	0.2
	③	设备和设施管理	0.2
	④	企业市场行为	0.3
有施工项目	①②③④加权值		0.6
	⑤	施工现场安全管理	0.4

施工企业安全生产评价汇总表 表 1-10

评价类型：□市场准入□发生事故□不良业绩□资质评价□日常管理□年终评价□其他

企业名称：经济类型：

资质等级：上年度施工产值：在册人数：

评价内容		评价结果				
		零分项（个）	应得分数（分）	实得分数（分）	权重系数	加权分数（分）
无施工项目	表 A-1 安全生产管理				0.3	
	表 A-2 安全技术管理				0.2	
	表 A-3 设备和设施管理				0.2	
	表 A-4 企业市场行为				0.3	
	汇总分数①＝表 A-1～表 A-4 加权值				0.6	
有施工项目	表 A-5 施工现场安全管理				0.4	
	汇总分数②＝汇总分数①×0.6＋表 A-5×0.4					

评价意见：

评价负责人（签名）		评价人员（签名）	
企业负责人（签名）		企业签章	年 月 日

（5）考核评价等级

施工企业安全生产考核评定应分为合格、基本合格、不合格三个等级，具体划分方式见表 1-11，并宜符合下列要求：

1）对有在建工程的企业，安全生产考核评定宜分为合格、不合格 2 个等级；

2）对无在建工程的企业，安全生产考核评定宜分为基本合格、不合格 2 个等级。

施工企业安全生产考核评价等级划分　　表 1-11

考核评价等级	考核内容		
	各项评分表中的实得分为零的项目数(个)	各评分表实得分数(分)	汇总分数(分)
合格	0	≥70 且其中不得有一个施工现场评定结果为不合格	≥75
基本合格	0	≥70	≥75
不合格	出现不满足基本合格条件的任意一项时		

1.3.4　建筑施工安全生产标准化考评概述

建筑施工安全生产标准化是指建筑施工企业在建筑施工活动中,贯彻执行建筑施工安全法律法规和标准规范,建立企业和项目安全生产责任制,制定安全管理制度和操作规程,监控危险性较大分部分项工程,排查治理安全生产隐患,使人、机、物、环始终处于安全状态,形成过程控制、持续改进的安全管理机制。

建筑施工安全生产标准化考评包括建筑施工项目安全生产标准化考评和建筑施工企业安全生产标准化考评。

1. 基本规定

(1) 安全生产标准化工作的开展

建筑施工企业应当建立健全以项目负责人为第一责任人的项目安全生产管理体系,建筑施工项目实行施工总承包的,施工总承包单位对项目安全生产标准化工作负总责。施工总承包单位应当组织专业承包单位等开展项目安全生产标准化工作。

建筑施工企业安全生产管理机构应当定期对项目安全生产标准化工作进行监督检查,检查及整改情况应当纳入项目自评材料。

(2) 项目安全生产标准化的考评

项目考评主体应当对已办理施工安全监督手续并取得施工许可证的建筑施工项目实施安全生产标准化考评。

项目完工后办理竣工验收前,建筑施工企业应当向项目考评主体提交项目安全生产标准化自评材料。

项目自评材料主要包括:

1) 项目建设、监理、施工总承包、专业承包等单位及其项目主要负责人名录;

2) 项目主要依据《建筑施工安全检查标准》JGJ 59 等进行的自评,包括自评结果及项目建设、监理单位审核意见;

3) 项目施工期间因安全生产受到住房城乡建设主管部门奖惩情况(包括限期整改、停工整改、通报批评、行政处罚、通报表扬、表彰奖励等);

4) 项目发生生产安全责任事故情况;

5) 住房和城乡建设主管部门规定的其他材料。

项目考评主体收到建筑施工企业提交的材料后,经查验符合要求的,以项目自评为基础,结合日常监管情况对项目安全生产标准化工作进行评定,在 10 个工作日内向建筑施工企业发放项目考评结果告知书。

评定结果为"优良""合格"及"不合格"。

项目考评主体应当及时向社会公布本行政区域内建筑施工项目安全生产标准化考评结果，并逐级上报至省级住房和城乡建设主管部门。

2. 企业考评

建筑施工企业应当建立健全以法定代表人为第一责任人的企业安全生产管理体系，依法履行安全生产职责，实施企业安全生产标准化工作。

建筑施工企业应当成立企业安全生产标准化自评机构，每年主要依据《施工企业安全生产评价标准》JGJ/T 77 等开展企业安全生产标准化自评工作。

企业考评主体收到建筑施工企业提交的材料后，经查验符合要求的，以企业自评为基础，以企业承建项目安全生产标准化考评结果为主要依据，结合安全生产许可证动态监管情况对企业安全生产标准化工作进行评定，在 20 个工作日内向建筑施工企业发放企业考评结果告知书。

评定结果为"优良""合格"及"不合格"。

建筑施工企业具有下列情形之一的，安全生产标准化评定为不合格：

(1) 未按规定开展企业自评工作的；

(2) 企业近三年所承建的项目发生较大及以上生产安全责任事故的；

(3) 企业近三年所承建已竣工项目不合格率超过 5% 的（不合格率是指企业近三年作为项目考评不合格责任主体的竣工工程数量与企业承建已竣工工程数量之比）；

(4) 省级及以上住房城乡建设主管部门规定的其他情形。

3. 奖励和惩戒

建筑施工安全生产标准化考评结果作为政府相关部门进行绩效考核、信用评级、诚信评价、评先推优、投融资风险评估、保险费率浮动等重要参考依据。

(1) 政府投资项目招投标应优先选择建筑施工安全生产标准化工作业绩突出的建筑施工企业及项目负责人。

(2) 住房和城乡建设主管部门应当将建筑施工安全生产标准化考评情况记入安全生产信用档案。

第2章 建筑工程新标准宣贯

第1节 装配式建筑

2.1.1 《装配式混凝土建筑技术标准》GB/T 51231—2016

1. 建筑集成设计

装配式混凝土建筑应按照集成设计原则，使建筑、结构、给水排水、暖通空调、电气、智能化和燃气等专业之间进行协同设计。

（1）标准化设计

1）装配式混凝土建筑的部品部件应采用标准化接口。

2）装配式混凝土建筑平面设计应符合下列规定：

①应采用大开间大进深、空间灵活可变的布置方式；

②平面布置应规则，承重构件布置应上下对齐贯通，外墙洞口宜规整有序；

③设备与管线宜集中设置，并应进行管线综合设计。

3）装配式混凝土建筑立面设计应符合下列规定：

①外墙、阳台板、空调板、外窗、遮阳设施及装饰等部品部件宜进行标准化设计；

②装配式混凝土建筑宜通过建筑体量、材质肌理、色彩等变化，形成丰富多样的立面效果；

③预制混凝土外墙的装饰面层宜采用清水混凝土、装饰混凝土、免抹灰涂料和反打面砖等耐久性强的建筑材料。

4）装配式混凝土建筑应根据建筑功能、主体结构、设备管线及装修等要求，确定合理的层高及净高尺寸。

（2）集成设计

1）结构系统的集成设计应符合下列规定：

①宜采用功能复合度高的部件进行集成设计，优化部件规格；

②应满足部件加工、运输、堆放、安装的尺寸和重量要求。

2）外围护系统的集成设计应符合下列规定：

①应对外墙板、幕墙、外门窗、阳台板、空调板及遮阳部件等进行集成设计；

②应采用提高建筑性能的构造连接措施；

③宜采用单元式装配外墙系统。

3）设备与管线系统的集成设计应符合下列规定：

①给水排水、暖通空调、电气智能化、燃气等设备与管线应综合设计；

②宜选用模块化产品，接口应标准化，并应预留扩展条件。

4）内装系统的集成设计应符合下列规定：

①内装设计应与建筑设计、设备与管线设计同步进行；

②宜采用装配式楼地面、墙面、吊顶等部品系统；

③住宅建筑宜采用集成式厨房、集成式卫生间及整体收纳等部品系统。

5）接口及构造设计应符合下列规定：

①结构系统部件、内装部品部件和设备管线之间的连接方式应满足安全性和耐久性要求；

②结构系统与外围护系统宜采用干式工法连接，其接缝宽度应满足结构变形和温度变形的要求；

③部品部件的构造连接应安全可靠，接口及构造设计应满足施工安装与使用维护的要求；

④应确定适宜的制作公差和安装公差设计值；

⑤设备管线接口应避开预制构件受力较大部位和节点连接区域。

2. 结构系统设计

（1）结构分析和变形验算

1）装配式混凝土结构弹性分析时，节点和接缝的模拟应符合下列规定：

①当预制构件之间采用后浇带连接且接缝构造及承载力满足本标准中的相应要求时，可按现浇混凝土结构进行模拟；

②对于本标准中未包含的连接节点及接缝形式，应按照实际情况模拟。

2）进行抗震性能化设计时，结构在设防烈度地震及罕遇地震作用下的内力及变形分析，可根据结构受力状态采用弹性分析方法或弹塑性分析方法。弹塑性分析时，宜根据节点和接缝在受力全过程中的特性进行节点和接缝的模拟。材料的非线性行为可根据现行国家标准《混凝土结构设计规范》GB 50010 确定，节点和接缝的非线性行为可根据试验研究确定。

3）内力和变形计算时，应计入填充墙对结构刚度的影响。当采用轻质墙板填充墙时，可采用周期折减的方法考虑其对结构刚度的影响；对于框架结构，周期折减系数可取 0.7～0.9；对于剪力墙结构，周期折减系数可取 0.8～1.0。

4）在风荷载或多遇地震作用下，结构楼层内最大弹性层间位移应符合下式规定：

$$\Delta_{U_e} \leqslant [\theta_e]h \tag{2-1}$$

式中　Δ_{U_e}——楼层内最大弹性层间位移；

　　　$[\theta_e]$——弹性层间位移角限值，应按表 2-1 采用；

　　　h——层高。

弹性层间位移角限值　　　　　　　　　　　　　表 2-1

结构类别	$[\theta_e]$
装配整体式框架结构	1/550
装配整体式框架—现浇剪力墙结构、装配整体式框架—现浇核心筒结构	1/800
装配整体式剪力墙结构、装配整体式部分框支剪力墙结构	1/1000

5）在罕遇地震作用下，结构薄弱层（部位）弹塑性层间位移应符合下式规定：

$$\Delta_{U_p} \leqslant [\theta_p]h \tag{2-2}$$

式中　Δ_{U_p}——弹塑性层间位移；

$[\theta_p]$——弹塑性层间位移角限值，应按表 2-2 采用；

h——层高。

弹塑性层间位移角限值   表 2-2

结构类别	$[\theta_p]$
装配整体式框架结构	1/50
装配整体式框架—现浇剪力墙结构、装配整体式框架—现浇核心筒结构	1/100
装配式整体式剪力墙结构、装配整体式部分框支剪力墙结构	1/120

（2）构件与连接设计

1）预制构件设计应符合下列规定：

①预制构件的设计应满足标准化的要求，宜采用建筑信息化模型（BIM）技术进行一体化设计，确保预制构件的钢筋与预留洞口、预埋件等相协调，简化预制构件连接节点施工；

②预制构件的形状、尺寸、重量等应满足制作、运输、安装各环节的要求；

③预制构件的配筋设计应便于工厂化生产和现场连接。

2）预制构件的拼接应符合下列规定：

①预制构件拼接部位的混凝土强度等级不应低于预制构件的混凝土强度等级；

②预制构件的拼接位置宜设置在受力较小部位；

③预制构件的拼接应考虑温度作用和混凝土收缩徐变的不利影响，宜适当增加构造配筋。

3）纵向钢筋采用挤压套筒连接时应符合下列规定：

①连接框架柱、框架梁、剪力墙边缘构件纵向钢筋的挤压套筒接头应满足Ⅰ级接头的要求，连接剪力墙竖向分布钢筋、楼板分布钢筋的挤压套筒接头应满足Ⅰ级接头抗拉强度的要求；

②被连接的预制构件之间应预留后浇段，后浇段的高度或长度应根据挤压套筒接头安装工艺确定，应采取措施保证后浇段的混凝土浇筑密实；

③预制柱底、预制剪力墙底宜设置支腿，支腿应能承受不小于 2 倍被支承预制构件的自重。

（3）楼盖设计

1）高层装配整体式混凝土结构中，楼盖应符合下列规定：

①结构转换层和作为上部结构嵌固部位的楼层宜采用现浇楼盖；

②屋面层和平面受力复杂的楼层宜采用现浇楼盖，当采用叠合楼盖时，楼板的后浇混凝土叠合层厚度不应小于 100mm，且后浇层内应采用双向通长配筋，钢筋直径不宜小于 8mm，间距不宜大于 200mm。

2）次梁与主梁宜采用铰接连接，也可采用刚接连接。当采用刚接连接并采用后浇段连接的形式时，应符合现行行业标准《装配式混凝土结构技术规程》JGJ 1 的有关规定。当采用铰接连接时，可采用企口连接或钢企口连接形式；采用企口连接时，应符合国家现行标准的有关规定；当次梁不直接承受动力荷载且跨度不大于 9m 时，可采用钢企口连接，并应符合下列规定：

①钢企口两侧应对称布置抗剪栓钉，钢板厚度不应小于栓钉直径的 0.6 倍；预制主梁与钢企口连接处应设置预埋件；次梁端部 1.5 倍梁高范围内，箍筋间距不应大于 100mm。

②钢企口接头（图 2-1）的承载力验算，除应符合现行国家标准《混凝土结构设计规范》GB 50010、《钢结构设计规范》GB 50017 的有关规定外，尚应符合下列规定：

A. 钢企口接头应能够承受施工及使用阶段的荷载；

B. 应验算钢企口截面 A 处在施工及使用阶段的抗弯、抗剪强度；

C. 应验算钢企口截面 B 处在施工及使用阶段的抗弯强度；

D. 凹槽内灌浆料未达到设计强度前，应验算钢企口外挑部分的稳定性；

E. 应验算栓钉的抗剪强度；

F. 应验算钢企口搁置处的局部受压承载力。

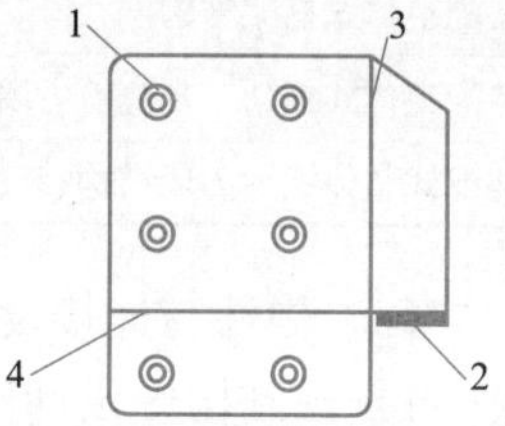

③抗剪栓钉的布置，应符合下列规定：

A. 栓钉杆直径不宜大于 19mm，单侧抗剪栓钉排数及列数均不应小于 2；

B. 栓钉间距不应小于杆径的 6 倍且不宜大于 300mm；

C. 栓钉至钢板边缘的距离不宜小于 50mm，至混凝土构件边缘的距离不应小于 200mm；

D. 栓钉钉头内表面至连接钢板的净距不宜小于 30mm；

E. 栓钉顶面的保护层厚度不应小于 25mm。

④主梁与钢企口连接处应设置附加横向钢筋。

图 2-1　钢企口示意
1—栓钉；2—预埋件；
3—截面 A；4—截面 B

（4）装配整体式框架结构

1）叠合梁的箍筋配置应符合下列规定：

①抗震等级为一、二级的叠合框架梁的梁端箍筋加密区宜采用整体封闭箍筋；当叠合梁受扭时宜采用整体封闭箍筋，且整体封闭箍筋的搭接部分宜设置在预制部分；

②当采用组合封闭箍筋时，开口箍筋上方两端应做成 135°弯钩，框架梁弯钩平直段长度不应小于 10d（d 为箍筋直径），次梁弯钩平直段长度不应小于 5d。现场应采用箍筋帽封闭开口箍，箍筋帽宜两端做成 135°弯钩，也可做成一端 135°另一端 90°弯钩，但 135°弯钩和 90°弯钩应沿纵向受力钢筋方向交错设置，框架梁弯钩平直段长度不应小于 10d（d 为箍筋直径），次梁 135°弯钩平直段长度不应小于 5d，90°弯钩平直段长度不应小于 10d；

③框架梁箍筋加密区长度内的箍筋肢距：一级抗震等级，不宜大于 200mm 和 20 倍箍筋直径的较大值，且不应大于 300mm；二、三级抗震等级，不宜大于 250mm 和 20 倍箍筋直径的较大值，且不应大于 350mm；四级抗震等级，不宜大于 300mm，且不应大于 400mm。

2）预制柱的设计应满足现行国家标准《混凝土结构设计规范》GB 50010 的要求，并应符合下列规定：

①矩形柱截面边长不宜小于 400mm，圆形截面柱直径不宜小于 450mm，且不宜小于同方向梁宽的 1.5 倍；

②柱纵向受力钢筋在柱底连接时，柱箍筋加密区长度不应小于纵向受力钢筋连接区域长度与 500mm 之和；当采用套筒灌浆连接或浆锚搭接连接等方式时，套筒或搭接段上端

第一道箍筋距离套筒或搭接段顶部不应大于 50mm；

③柱纵向受力钢筋直径不宜小于 20mm，纵向受力钢筋的间距不宜大于 200mm 且不应大于 400mm。柱的纵向受力钢筋可集中于四角配置且宜对称布置。柱中可设置纵向辅助钢筋且直径不宜小于 12mm 和箍筋直径；当正截面承载力计算不计入纵向辅助钢筋时，纵向辅助钢筋可不伸入框架节点；

④预制柱箍筋可采用连续复合箍筋。

（5）装配整体式剪力墙结构

1）上下层预制剪力墙的竖向钢筋连接应符合下列规定：

①边缘构件的竖向钢筋应逐根连接。

②预制剪力墙的竖向分布钢筋宜采用双排连接。

③除下列情况外，墙体厚度不大于 200mm 的丙类建筑预制剪力墙的竖向分布钢筋可采用单排连接，且在计算分析时不用考虑剪力墙平面外刚度及承载力。

A. 抗震等级为一级的剪力墙；

B. 轴压比大于 0.3 的抗震等级为二、三、四级的剪力墙；

C. 一侧无楼板的剪力墙；

D. 一字形剪力墙、一端有翼墙连接但剪力墙非边缘构件区长度大于 3m 的剪力墙以及两端有翼墙连接但剪力墙非边缘构件区长度大于 6m 的剪力墙。

④抗震等级为一级的剪力墙以及二、三级底部加强部位的剪力墙，剪力墙的边缘构件竖向钢筋宜采用套筒灌浆连接。

2）当上下层预制剪力墙竖向钢筋采用套筒灌浆连接时，应符合下列规定：

①当竖向分布钢筋采用"梅花形"连接时，连接钢筋的配筋率不应小于现行国家标准《建筑抗震设计规范》GB 50011 规定的剪力墙竖向分布钢筋最小配筋率要求，连接钢筋的直径不应小于 12mm，同侧间距不应大于 600mm，且在剪力墙构件承载力设计和分布钢筋配筋率计算中不得计入未连接的分布钢筋；未连接的竖向分布钢筋直径不应小于 6mm；

②竖向分布钢筋采用单排连接；剪力墙两侧竖向分布钢筋与配置于墙体厚度中部的连接钢筋搭接连接，连接钢筋位于内、外侧被连接钢筋的中间；连接钢筋受拉承载力不应小于上下层被连接钢筋受拉承载力较大值的 1.1 倍，间距不宜大于 300mm。下层剪力墙连接钢筋自下层预制墙顶算起的埋置长度不应小于 $1.2l_{aE}+b_w/2$（b_w 为墙体厚度），上层剪力墙连接钢筋自套筒顶面算起的埋置长度不应小于 l_{aE}，上层连接钢筋顶部至套筒底部的长度尚不应小于 $1.2l_{aE}+b_w/2$，l_{aE} 按连接钢筋直径计算。钢筋连接长度范围内应配置拉筋，同一连接接头内的拉筋配筋面积不应小于连接钢筋的面积；拉筋沿竖向的间距不应大于水平分布钢筋间距，且不宜大于 150mm；拉筋沿水平方向的间距不应大于竖向分布钢筋间距，直径不应小于 6mm；拉筋应紧靠连接钢筋，并钩住最外层分布钢筋。

3）当上下层预制剪力墙竖向钢筋采用挤压套筒连接时，应符合下列规定：

①预制剪力墙底后浇段内的水平钢筋直径不应小于 10mm 和预制剪力墙水平分布钢筋直径的较大值，间距不宜大于 100mm；楼板顶面以上第一道水平钢筋距楼板顶面不宜大于 50mm，套筒上端第一道水平钢筋距套筒顶部不宜大于 20mm；

②竖向分布钢筋采用"梅花形"连接。

4）当上下层预制剪力墙竖向钢筋采用浆锚搭接连接时，应符合下列规定：

①当竖向钢筋非单排连接时，下层预制剪力墙连接钢筋伸入预留灌浆孔道内的长度不应小于 $1.2l_{aE}$；

②竖向分布钢筋采用"梅花形"部分连接；

③竖向分布钢筋采用单排连接；剪力墙两侧竖向分布钢筋与配置于墙体厚度中部的连接钢筋搭接连接，连接钢筋位于内、外侧被连接钢筋的中间；连接钢筋受拉承载力不应小于上下层被连接钢筋受拉承载力较大值的 1.1 倍，间距不宜大于 300mm。连接钢筋自下层剪力墙顶算起的埋置长度不应小于 $1.2l_{aE}+b_w/2$（b_w 为墙体厚度），自上层预制墙体底部伸入预留灌浆孔道内的长度不应小于 $1.2l_{aE}+b_w/2$，l_{aE} 按连接钢筋直径计算。钢筋连接长度范围内应配置拉筋，同一连接接头内的拉筋配筋面积不应小于连接钢筋的面积；拉筋沿竖向的间距不应大于水平分布钢筋间距，且不宜大于 150mm；拉筋沿水平方向的肢距不应大于竖向分布钢筋间距，直径不应小于 6mm；拉筋应紧靠连接钢筋，并钩住最外层分布钢筋。

3. 外围护系统设计

（1）外围护系统设计应包括下列内容：

1）外围护系统的性能要求；

2）外墙板及屋面板的模数协调要求；

3）屋面结构支承构造节点；

4）外墙板连接、接缝及外门窗洞口等构造节点；

5）阳台、空调板、装饰件等连接构造节点。

（2）外墙板与主体结构的连接应符合下列规定：

1）连接节点在保证主体结构整体受力的前提下，应牢固可靠、受力明确、传力简捷、构造合理；

2）连接节点应具有足够的承载力。承载能力极限状态下，连接节点不应发生破坏；当单个连接节点失效时，外墙板不应掉落；

3）连接部位应采用柔性连接方式，连接节点应具有适应主体结构变形的能力；

4）节点设计应便于工厂加工、现场安装就位和调整；

5）连接件的耐久性应满足使用年限要求。

（3）外墙板接缝应符合下列规定：

1）接缝处应根据当地气候条件合理选用构造防水、材料防水相结合的防排水设计；

2）接缝宽度及接缝材料应根据外墙板材料、立面分格、结构层间位移、温度变形等因素综合确定；所选用的接缝材料及构造应满足防水、防渗、抗裂、耐久等要求；接缝材料应与外墙板具有相容性；外墙板在正常使用下，接缝处的弹性密封材料不应破坏；

3）接缝处以及与主体结构的连接处应设置防止形成热桥的构造措施。

4. 内装系统设计

（1）轻质隔墙系统设计应符合下列规定：

1）宜结合室内管线的敷设进行构造设计，避免管线安装和维修更换对墙体造成破坏；

2）应满足不同功能房间的隔声要求；

3）应在吊挂空调、画框等部位设置加强板或采取其他可靠加固措施。

（2）吊顶系统设计应满足室内净高的需求，并应符合下列规定：

1）宜在预制楼板（梁）内预留吊顶、桥架、管线等安装所需预埋件；

2）应在吊顶内设备管线集中部位设置检修口。

（3）楼地面系统宜选用集成化部品系统，并符合下列规定：

1）楼地面系统的承载力应满足房间使用要求；

2）架空地板系统宜设置减振构造；

3）架空地板系统的架空高度应根据管径尺寸、敷设路径、设置坡度等确定，并应设置检修口。

（4）墙面系统宜选用具有高差调平作用的部品，并应与室内管线进行集成设计。

2.1.2　《装配式钢结构建筑技术标准》GB/T 51232—2016

1. 建筑设计

（1）装配式钢结构建筑应符合国家现行标准对建筑适用性能、安全性能、环境性能、经济性能、耐久性能等综合规定。

（2）装配式钢结构建筑应模数协调，采用模块化、标准化设计，将结构系统、外围护系统、设备与管线系统和内装系统进行集成。

2. 集成设计

（1）装配式钢结构建筑可根据建筑功能、建筑高度以及抗震设防烈度等选择下列八种结构体系：钢框架结构、钢框架—支撑结构、钢框架—延性墙板结构、筒体结构、巨型结构、交错桁架结构、门式刚架结构、低层冷弯薄壁型钢结构。

当有可靠依据，通过相关论证，也可采用其他结构体系，包括新型构件和节点。

（2）装配式钢结构建筑构件之间的连接设计应符合下列规定：

1）抗震设计时，连接设计应符合构造要求，并应按弹塑性设计，连接的极限承载力应大于构件的全塑性承载力；

2）装配式钢结构建筑构件的连接宜采用螺栓连接，也可采用焊接；

3）有可靠依据时，梁柱可采用全螺栓的半刚性连接，此时结构计算应计入节点转动对刚度的影响。

（3）装配式钢结构建筑的楼板应符合下列规定：

1）楼板可选用工业化程度高的压型钢板组合楼板、钢筋桁架楼承板组合楼板、预制混凝土叠合楼板及预制预应力空心楼板等。

2）楼板应与主体结构可靠连接，保证楼盖的整体牢固性。

3）抗震设防烈度为 6、7 度且房屋高度不超过 50m 时，可采用装配式楼板（全预制楼板）或其他轻型楼盖，但应采取下列措施之一保证楼板的整体性：

①设置水平支撑；

②采取有效措施保证预制板之间的可靠连接。

4）装配式钢结构建筑可采用装配整体式楼板，但应适当降低表 2-3 中的最大高度。

5）楼盖舒适度应符合现行行业标准《高层民用建筑钢结构技术规程》JGJ 99 的规定。

多高层装配式钢结构适用的最大高度（m）　　　　表 2-3

结构体系(结构类型)	抗震设防烈度					
	6度(0.05g)	7度(0.10g)	7度(0.15g)	8度(0.20g)	8度(0.30g)	9度(0.40g)
钢框架结构	110	110	90	90	70	50
钢框架—中心支撑结构	220	220	200	180	150	120
钢框架—偏心支撑结构钢框架—屈曲约束支撑结构钢框架—延性墙板结构	240	240	220	200	180	160
筒体(框筒、筒中筒、桁架筒、束筒)结构巨型结构	300	300	280	260	240	180
交错桁架结构	90	60	60	40	40	

注：1. 房屋高度指室外地面到主要屋面板板顶的高度（不包括局部突出屋顶部分）；

2. 超过表内高度的房屋，应进行专门研究和论证，采取有效的加强措施；

3. 交错桁架结构不得用于9度区；

4. 柱子可采用钢柱或钢管混凝土柱；

5. 特殊设防类，6、7、8度时宜按本地区抗震设防烈度提高一度后符合本表要求，9度时应做专门研究。

（4）装配式钢结构建筑的楼梯应符合下列规定：

1）宜采用装配式混凝土楼梯或钢楼梯；

2）楼梯与主体结构宜采用不传递水平作用的连接形式。

3. 外围护系统

（1）外围护系统应根据建筑所在地区的气候条件、使用功能等综合确定抗风性能、抗震性能、耐撞击性能、防火性能、水密性能、气密性能、隔声性能、热工性能和耐久性能等要求，屋面系统还应满足结构性能要求。

（2）外墙板与主体结构的连接应符合下列规定：

1）连接节点在保证主体结构整体受力的前提下，应牢固可靠、受力明确、传力简捷、构造合理；

2）连接节点应具有足够的承载力。承载能力极限状态下，连接节点不应发生破坏；当单个连接节点失效时，外墙板不应掉落；

3）连接部位应采用柔性连接方式，连接节点应具有适应主体结构变形的能力；

4）节点设计应便于工厂加工、现场安装就位和调整；

5）连接件的耐久性应满足设计使用年限的要求。

（3）现场组装骨架外墙应符合下列规定：

1）骨架应具有足够的承载力、刚度和稳定性，并应与主体结构可靠连接；骨架应进行整体及连接节点验算。

2）墙内敷设电气线路时，应对其进行穿管保护。

3）宜根据基层墙板特点及形式进行墙面整体防水。

4）金属骨架组合外墙应符合下列规定：

①金属骨架应设置有效的防腐蚀措施；

②骨架外部、中部和内部可分别设置防护层、隔离层、保温隔汽层和内饰层，并根据使用条件设置防水透气材料、空气间层、反射材料、结构蒙皮材料和隔汽材料等。

（4）建筑幕墙应符合下列规定：

1）应根据建筑物的使用要求、建筑造型，合理选择幕墙形式，宜采用单元式幕墙系统；

2）应根据不同的面板材料，选择相应的幕墙结构、配套材料和构造方式等；

3）应具有适应主体结构层间变形的能力；主体结构中连接幕墙的预埋件、锚固件应能承受幕墙传递的荷载和作用，连接件与主体结构的锚固极限承载力应大于连接件本身的全塑性承载力。

2.1.3 《装配式建筑评价标准》GB/T 51129—2017

1. 装配率计算

（1）装配率应根据表 2-4 中评价分项按下式计算：

$$P = \frac{Q_1 + Q_2 + Q_3}{100 - Q_4} \times 100\% \tag{2-3}$$

式中　P——装配率；

　　　Q_1——主体结构指标实际得分值；

　　　Q_2——围护墙和内隔墙指标实际得分值；

　　　Q_3——装修和设备管线指标实际得分值；

　　　Q_4——评价项目中缺少的评价项分值总和。

装配式建筑评分表　　　　　　　　　　　　　　表 2-4

	评价项	评价要求	评价分值	最低分值
主体结构(50)	柱、支撑、承重墙、延性墙板等竖向构件	35%≤比例≤80%	20~30*	20
	梁、板、楼梯、阳台、空调板等构件	70%≤比例≤80%	10~20*	
围护墙和内隔墙(20)	非承重围护墙非砌筑	比例≥80%	5	10
	围护墙与保温、隔热、装饰一体化	70%≤比例≤80%	2~5*	
	内隔墙非砌筑	比例≥50%	5	
	内隔墙与管线、装修一体化	70%≤比例≤80%	2~5*	
装修和设备管线(30)	全装修	—	6	6
	干式工法楼面、地面	比例≥70%	6	—
	集成厨房	70%≤比例≤90%	3~6*	
	集成卫生间	70%≤比例≤90%	3~6*	
	管线分离	50%≤比例≤70%	4~6*	

注：表中带"＊"项的分值采用"内插法"计算，计算结果取小数点后 1 位。

（2）柱、支撑、承重墙、延性墙板等主体结构竖向构件主要采用混凝土材料时，预制部品部件的应用比例应按式(2-4) 计算：

$$q_{1a} = \frac{V_{1a}}{V} \times 100\% \tag{2-4}$$

式中　q_{1a}——柱、支撑、承重墙、延性墙板等主体结构竖向构件中预制部品部件的应用比例；

V_{1a}——柱、支撑、承重墙、延性墙板等主体结构竖向构件中预制混凝土体积之和，符合本标准规定的预制构件间连接部分的后浇混凝土也可计入计算；

V——柱、支撑、承重墙、延性墙板等主体结构竖向构件混凝土总体积。

（3）当符合下列规定时，主体结构竖向构件间连接部分的后浇混凝土可计入预制混凝土体积计算。

1）预制剪力墙之间宽度不大于 600mm 的竖向现浇段和高度不大于 300mm 的水平后浇带、圈梁的后浇混凝土体积；

2）预制框架柱和框架梁之间柱梁节点区的后浇混凝土体积；

3）预制柱间高度不大于柱截面较小尺寸的连接区后浇混凝土体积。

（4）梁、板、楼梯、阳台、空调板等构件中预制部品部件的应用比例应按下式计算：

$$q_{1b} = \frac{A_{1b}}{A} \times 100\% \qquad (2\text{-}5)$$

式中　q_{1b}——梁、板、楼梯、阳台、空调板等构件中预制部品部件的应用比例；

A_{1b}——各楼层中预制梁、板、楼梯、阳台、空调板等构件的水平投影面积之和；

A——各楼层建筑平面总面积。

（5）预制装配式楼板、屋面板的水平投影面积可包括：

1）预制装配式叠合楼板、屋面板的水平投影面积；

2）预制构件间宽度不大于 300mm 的后浇混凝土带水平投影面积；

3）金属楼承板和屋面板、木楼盖和屋盖及其他在施工现场免支模的楼盖和屋盖的水平投影面积。

（6）非承重围护墙中非砌筑墙体的应用比例应按下式计算：

$$q_{2a} = \frac{A_{2a}}{A_{W1}} \times 100\% \qquad (2\text{-}6)$$

式中　q_{2a}——非承重围护墙中非砌筑墙体的应用比例；

A_{2a}——各楼层中非承重围护墙中非砌筑墙体的外表面积之和，计算时可不扣除门、窗及预留洞口等的面积；

A_{W1}——各楼层非承重围护墙外表面总面积，计算时可不扣除门、窗及预留洞口等的面积。

（7）围护墙采用墙体、保温、隔热、装饰一体化的应用比例应按下式计算：

$$q_{2b} = \frac{A_{2b}}{A_{W2}} \times 100\% \qquad (2\text{-}7)$$

式中　q_{2b}——围护墙采用墙体、保温、隔热、装饰一体化的应用比例；

A_{2b}——各楼层围护墙采用墙体、保温、隔热、装饰一体化的墙面外表面积之和，计算时可不扣除门、窗及预留洞口等的面积；

A_{W2}——各楼层围护墙外表面总面积，计算时可不扣除门、窗及预留洞口等的面积。

（8）内隔墙中非砌筑墙体的应用比例应按下式计算：

$$q_{2c} = \frac{A_{2c}}{A_{W3}} \times 100\%$$ 　　　　　　　　　（2-8）

式中　q_{2c}——内隔墙中非砌筑墙体的应用比例；

A_{2c}——各楼层内隔墙中非砌筑墙体的墙面面积之和，计算时可不扣除门、窗及预留洞口等的面积；

A_{W3}——各楼层内隔墙面总面积，计算时可不扣除门、窗及预留洞口等的面积。

（9）内隔墙采用墙体、管线、装修一体化的应用比例应按下式计算：

$$q_{2d} = \frac{A_{2d}}{A_{W3}} \times 100\%$$ 　　　　　　　　　（2-9）

式中　q_{2d}——内隔墙采用墙体、管线、装修一体化的应用比例；

A_{2d}——各楼层内隔墙采用墙体、管线、装修一体化的墙面面积之和，计算时可不扣除门、窗及预留洞口等的面积。

（10）干式工法楼面、地面的应用比例应按下式计算：

$$q_{3a} = \frac{A_{3a}}{A} \times 100\%$$ 　　　　　　　　　（2-10）

式中　q_{3a}——干式工法楼面、地面的应用比例；

A_{3a}——各楼层采用干式工法楼面、地面的水平投影面积之和。

（11）集成厨房的橱柜和厨房设备等应全部安装到位，墙面、顶面和地面中干式工法的应用比例应按下式计算：

$$q_{3b} = \frac{A_{3b}}{A_k} \times 100\%$$ 　　　　　　　　　（2-11）

式中　q_{3b}——集成厨房干式工法楼面、地面的应用比例；

A_{3b}——各楼层厨房墙面、顶面和地面采用干式工法楼面、地面的面积之和；

A_k——各楼层厨房的墙面、顶面和地面的总面积。

（12）集成卫生间的洁具设备等应全部安装到位，墙面、顶面和地面中干式工法的应用比例应按下式计算：

$$q_{3c} = \frac{A_{3c}}{A_b} \times 100\%$$ 　　　　　　　　　（2-12）

式中　q_{3c}——集成卫生间干式工法楼面、地面的应用比例；

A_{3c}——各楼层卫生间墙面、顶面和地面采用干式工法楼面、地面的面积之和；

A_b——各楼层卫生间的墙面、顶面和地面的总面积。

（13）管线分离比例应按下式计算：

$$q_{3d} = \frac{L_{3d}}{L} \times 100\%$$ 　　　　　　　　　（2-13）

式中　q_{3d}——管线分离比例；

L_{3d}——各楼层管线分离的长度，包括裸露于室内空间以及敷设在地面架空层、非承重墙体空腔和吊顶内的电气、给水排水和采暖管线长度之和；

L——各楼层电气、给水排水和采暖管线的总长度。

2. 装配式建筑评价与等级划分

(1) 装配式建筑评价应符合下列规定：

1) 设计阶段宜进行预评价，并应按设计文件计算装配率；

2) 项目评价应在项目竣工验收后进行，并应按竣工验收资料计算装配率和确定评价等级。

(2) 装配式建筑应同时满足下列要求：

1) 主体结构部分的评价分值不低于 20 分；

2) 围护墙和内隔墙部分的评价分值不低于 10 分；

3) 采用全装修；

4) 装配率不低于 50％。

(3) 当评价项目满足本标准规定，且主体结构竖向构件中预制部品部件的应用比例不低于 35％时，可进行装配式建筑等级评价。

(4) 装配式建筑评价等级应划分为 A 级、AA 级、AAA 级，并应符合下列规定：

1) 装配率为 60％～75％时，评价为 A 级装配式建筑；

2) 装配率为 76％～90％时，评价为 AA 级装配式建筑；

3) 装配率为 91％及以上时，评价为 AAA 级装配式建筑。

2.1.4　《预应力混凝土管桩技术标准》JGJ/T 406—2017

1. 预应力管桩及其分类

(1) 采用离心和预应力工艺成型的圆环形截面的预应力混凝土桩，简称管桩。桩身混凝土强度等级为 C80 及以上的管桩为高强混凝土管桩（简称 PHC 管桩），桩身混凝土强度等级为 C60 的管桩为混凝土管桩（简称 PC 管桩），主筋配筋形式为预应力钢棒和普通钢筋组合布置的高强混凝土管桩为混合配筋管桩（简称 PRC 管桩）

(2) 管桩按外径可分为 300mm、350mm、400mm、450mm、500mm、550mm、600mm、700mm、800mm、1000mm、1200mm、1400mm 等。

(3) 管桩按桩身混凝土强度等级及主筋配筋形式，可分为预应力高强混凝土管桩、混合配筋管桩、预应力混凝土管桩。

(4) 预应力高强混凝土管桩按有效预应力值大小可分为 A 型、AB 型、B 型和 C 型，其对应混凝土有效预压应力值宜分别为 4MPa、6MPa、8MPa 和 10MPa。

2. 设计规定

(1) 管桩选型应符合下列规定：

1) 基础设计等级为甲级的桩基础和抗拔桩不宜选用 A 型桩；

2) 当用于端承型桩且需穿越一定厚度较硬土层时，不宜选用 A 型管桩；

3) 用于抗震设防烈度 8 度及以上地区时，与承台连接的首节管桩不应选用 A 型桩，宜选用混合配筋管桩或 AB 型、B 型、C 型的预应力高强混凝土管桩；

4) 直径为 300mm 的管桩仅适用于弱腐蚀场地环境；对于中等及强腐蚀场地，应选用 AB 型或 B 型、C 型管桩，并应根据不同的腐蚀性等级采用相应的防腐措施。

(2) 管桩的最小中心距应符合表 2-5 的规定。

管桩的最小中心距　　　　表 2-5

土类与桩基情况		排数不少于3排且桩数不少于9根的摩擦型桩基	其他情况
挤土桩	饱和黏性土	4.5d	3.0d
	非饱和土、饱和非黏性土	4.0d	3.5d
部分挤土桩	饱和黏性土	4.0d	3.5d
	非饱和土、饱和非黏性土	3.5d	3.0d
非挤土植入桩		3.0d	3.0d

注：1. 桩的中心距指两根桩桩端横截面中心之间的距离；

2. d—管桩外径；

3. 当纵横向桩距不相等时，其最小中心距应满足"其他情况"一栏的规定；

4. "部分挤土桩"指沉桩时采取引孔或应力释放孔等措施的管桩基础；

5. 液化土、湿陷性土等特殊土，可适当减小桩距。

（3）单桩竖向极限承载力标准值的确定应符合下列规定：

1）设计等级为甲级、乙级的管桩基础，应在施工前采用单桩静载荷试验确定，在同一条件下的试桩数量不应少于3根，并应符合下列规定：

①试桩的规格、长度及地质条件应具有代表性；

②试桩应选在地质勘探孔附近；

③试桩施工条件应与工程桩一致。

2）设计等级为丙级的管桩基础，可结合静力触探原位试验参数和工程经验参数综合确定。

（4）管桩桩尖应符合下列规定：

1）应根据地质条件和布桩情况选用桩尖，宜选用开口型桩尖；

2）腐蚀环境下的管桩或当桩端位于遇水易软化的风化岩层时，可根据穿过的土层性质、打（压）桩力的大小以及挤土程度选择平底形、平底十字形或锥形闭口型桩尖。

（5）管桩顶部与承台连接处的混凝土填芯应符合下列规定：

对于承压桩，填芯混凝土深度不应小于3倍桩径且不应小于1.5m；对于抗拔桩，填芯混凝土深度不得小于3m；

填芯混凝土应采用无收缩混凝土或微膨胀混凝土，强度等级应比承台和承台梁提高一个等级，且不应低于C30。

管桩与承台连接应符合下列规定：

1）桩顶嵌入承台内的长度宜为50～100mm；

2）应采用桩顶填芯混凝土内插钢筋与承台连接的方式。对于没有截桩的桩顶，可采用桩顶填芯混凝土内插钢筋和在桩顶端板上焊接钢板后焊接锚筋相结合的方式。连接钢筋宜采用热轧带肋钢筋；

3）对于承压桩，连接钢筋配筋率按桩外径实心截面计算不应小于0.6%，数量不宜少于4根，钢筋插入管桩内的长度应与桩顶填芯混凝土深度相同，锚入承台内的长度不应小于35倍钢筋直径；

4）对于抗拔桩，连接钢筋面积应根据抗拔承载力确定，钢筋插入管桩内的长度应与桩顶填芯混凝土深度相同，锚入承台内的长度应按现行国家标准《混凝土结构设计规范》

GB 50010 确定。

3. 管桩基础施工基本规定

（1）沉桩施工顺序应符合下列规定：

1）沉桩顺序应在施工组织设计或施工方案中明确；

2）对于桩的中心距小于 4 倍桩径的群桩基础，应由中间向外或向后退打；对于软土地区桩的中心距小于 4 倍桩径的排桩，或群桩基础的同一承台的桩采用锤击法沉桩时，可采取跳打或对角线施打的施工顺序；

3）多桩承台边缘的桩宜待承台内其他桩施工完成并重新测定桩位后再施工；

4）对于一侧靠近现有建（构）筑物的场地，宜从毗邻建（构）筑物的一侧开始由近至远端施工；

5）同一场地桩长差异较大或桩径不同时，宜遵循先长后短、先大直径后小直径的施工顺序。

（2）管桩基础施工前宜在现场进行沉桩工艺试验。当采用锤击法施工工艺时，宜同时进行沉桩工艺监测。

（3）管桩的沉桩施工应符合下列规定：

1）第一节管桩起吊就位插入地面下 0.5～1.0m 时的垂直度偏差不得大于 0.5%；

2）当桩身垂直度偏差超过 0.8% 时，应找出原因并作纠正处理；沉桩后，严禁用移动桩架的方法进行纠偏；

3）沉桩、接桩、送桩宜连续进行；

4）管桩沉桩施工工艺应与沉桩工艺试验一致。

（4）送桩时，需用两台互为正交的经纬仪随时观测控制送桩器的垂直度，送桩器与桩身的纵向轴线应保持一致。

（5）管桩的现场堆放应符合下列规定：

1）堆放场地应平整、坚实，排水条件良好；

2）堆放时应采取支垫措施，支垫材料宜选用长方木或枕木，不得使用有棱角的金属构件；

3）应按不同规格、长度及施工流水顺序分类堆放；

4）当场地条件许可时，宜单层或双层堆放；

叠层堆放及运输过程堆叠时，外径 500mm 以上的管桩不宜超过 5 层，直径为 400mm以下的管桩不宜超过 8 层，堆叠的层数还应满足地基承载力的要求；

5）叠层堆放时，应在垂直于桩身长度方向的地面上设置两道垫木，垫木支点宜分别位于距桩端 0.21 倍桩长处；采用多支点堆放时上下叠层支点不应错位，两支点间不得有突出地面的石块等硬物；管桩堆放时，底层最外缘桩的垫木处应用木楔塞紧。

（6）管桩的吊运应符合下列规定：

1）管桩在吊运过程中应轻吊轻放，严禁碰撞、滚落；

2）管桩不宜在施工现场多次倒运；

3）管桩长度不应大于 15m 且应符合现行国家标准《先张法预应力混凝土管桩》GB 13476 规定的单节长度，宜采用两点起吊（图 2-2）；也可采用专用吊钩钩住桩两端内壁进行水平起吊，吊绳与桩夹角应大于 45°。

图2-2 15m以下桩吊点位置

（7）管桩接桩应符合下列规定：

1）管桩上下节拼接可采用端板焊接连接或机械接头连接，接头应保证管桩内纵向钢筋与端板等效传力，接头连接强度不应小于管桩桩身强度。任一基桩的接头数量不宜超过3个；

2）用作抗拔的管桩宜采用专门的机械连接接头或经专项设计的焊接接头。当在强腐蚀环境采用机械接头时，宜同时采用焊接连接。

4. 静压法沉桩

（1）沉桩工艺试验完成后应提供下列信息资料：

1）压桩全过程记录，包括桩不同入土深度时的压桩力、压桩力曲线等；

2）桩身混凝土经抱压后完整性的检查检测资料；

3）压桩机整体运行情况；

4）桩接头形式及接头施工记录。

（2）终压控制标准应符合下列规定：

1）终压标准应根据设计要求、沉桩工艺试验情况、桩端进入持力层情况及压桩动阻力等因素，结合静载荷试验情况确定；

2）摩擦桩与端承摩擦桩以桩端标高控制为主，终压力控制为辅；

3）当终压力值达不到预估值时，单桩竖向承载力特征值宜根据静载试验确定，不得任意增加复压次数；

4）当压桩力已达到终压力或桩端已到达持力层时应采取稳压措施；

5）当压桩力小于3000kN时，稳压时间不宜超过10s；当压桩力大于3000kN时，稳压时间不宜超过5s；

6）稳压次数不宜超过3次，对于小于8m的短桩或稳压贯入度大的桩，不宜超过5次。

5. 锤击法沉桩

（1）锤击沉桩施工应符合下列规定：

1）首节桩插入时，应认真检查桩位及桩身垂直度偏差，校正后的垂直度偏差应为±0.5%；

2）当管桩沉入地表土后就遇上厚度较大的淤泥层或松软的回填土时，柴油锤应采用不点火空锤的方式施打；液压锤应采用落距为200～300mm的方式施打；

3）管桩施打过程中，宜重锤轻击，应保持桩锤、桩帽和桩身的中心线在同一条直线上，并随时检查桩身的垂直度；

4）在较厚的黏土、粉质黏土层中施打管桩，宜将每根桩一次性连续打到底，减少中间休歇时间；

5）管桩内孔充满水或淤泥时，桩身上部应设置排气（水）孔；

6）重要工程应采用高应变法进行打桩过程监测，并对监测结果进行分析。

（2）打桩的最后贯入度量测应符合下列条件：

1）桩头和桩身完好；

2）桩锤、桩帽、桩身及送桩器中心线重合；

3）桩帽及送桩器套筒内衬垫厚度符合本标准规定；

4）打桩结束前即完成测定，不得间隔较长时间后才量测。

（3）收锤标准应根据工程地质条件、桩的承载性状、单桩承载力特征值、桩规格及入土深度、打桩锤性能规格及冲击能量、桩端持力层性状及桩尖进入持力层深度、最后贯入度或最后 $1\sim3m$ 的每米沉桩锤击数等因素综合确定。

（4）当以贯入度控制时，最后贯入度不宜小于 $30mm/10$ 击。当持力层为较薄的强风化岩层且下卧层为中、微风化岩层时，最后贯入度不应小于 $25mm/10$ 击，此时宜量测一阵锤的贯入度，若达到收锤标准即可收锤。

6. 植入法沉桩

采用植入法沉桩时，施工前应进行沉桩工艺试验和静载试验，确定施工工艺和施工参数。

7. 中掘法沉桩

（1）中掘法沉桩适用于桩端持力层为一般黏性土层、粉土层、砂土层、碎石类土层、强风化基岩和软质岩层的地质情况。

（2）中掘法沉桩应符合下列规定：

1）施工前，应在桩位处做好标记。桩机就位后，应将桩准确放到桩位，桩芯容许偏差应为 $\pm30mm$；

2）沉桩时桩垂直度容许偏差应为 $\pm0.5\%$；

3）在桩中空部分安装螺旋钻杆、钻挖桩底端内壁土体时，宜注入压缩空气（或水），边排土边连续沉桩；

4）钻挖时应控制钻挖深度，钻进深度与管桩前端距离应小于 2 倍桩径；

5）在砂土、淤泥质土中，宜注入压缩空气辅助排土；在超固结黏性土中宜压水，加大压缩空气辅助排土；

6）在具有承压水的砂层中钻进时，应在桩的中空部分保持大于地下水压的孔内水头、边钻进施工；

7）钻进结束提钻时，应慢速提起螺旋钻杆。

8. 质量检测

（1）监理人员和施工单位应对运到现场的管桩成品质量进行下列内容的检查和检测：

1）应按照设计图纸要求，根据产品合格证、运货单及管桩外壁的标志，对管桩的规格和型号进行逐条检查；

2）应对管桩的尺寸偏差和外观质量进行抽检；

3）应对管桩端板几何尺寸进行抽检。抽查数量不应少于管桩桩节总数的 2%。

（2）应对桩身垂直度进行检查。检查应符合下列规定：

1）应检查第一节桩定位时的垂直度；当垂直度偏差不大于 0.5% 时，方可进行施工；

2）在施工过程中，应及时抽检桩身垂直度；

3）送桩前，应对桩身垂直度进行检查；

4）管桩基础承台施工前，应对工程桩桩身垂直度进行检查，垂直度偏差应为±1%。

（3）管桩施工监控应保证桩身完整、无损伤。沉桩方法的选用应根据具体的地质情况、工程特点、场地施工条件以及挤土、施工振动、噪声等对周边环境和安全的影响等因素确定。

（4）施工过程中，应监测施工对周围环境的影响。监测应符合下列规定：

1）应根据施工组织方案检查工程桩的施工顺序；

2）当施工振动或挤土可能危及周边的建筑物、道路、市政设施时，应对周边建（构）筑物的变形和裂缝情况进行监测；

3）对挤土效应明显或大面积群桩基础，应抽样监测已施工工程桩的上浮量及桩顶偏位值，工程桩的监测数量不应少于1%且不得少于10根。

（5）施工记录应按下列规定进行审核：

1）当配置施工自动记录仪时，应对自动记录仪的工作状态、所记录的各种施工数据进行逻辑分析判定；

2）当采用人工记录时，应对作业班组所安排专人记录的内容进行检查；

3）工程桩施工完成后，施工记录应经旁站监理人员签名确认，方可作为施工记录。

（6）下列管桩基础应在承台完成以后的施工期间及使用期间进行沉降变形观测直至沉降达到稳定标准；当设计有要求时，应满足设计要求。

1）地基基础设计等级为甲级的管桩基础；

2）地质条件复杂且地基基础设计等级为乙级的管桩基础；

3）设计施工工艺采用植入法或中掘法的管桩基础；

4）采用管桩复合地基；

5）桩端持力层为遇水易软化风化岩层的管桩基础。

9. 工程验收

（1）管桩的桩顶标高、桩位偏差和桩身垂直度的验收程序应符合下列规定：

1）当桩顶标高与施工现场标高一致时，可待全部管桩施打完毕后一次性验收；

2）当需要送桩时，在送桩前应进行桩身垂直度检查，合格后方可送桩；

3）全部管桩施工结束，并开挖到设计标高后再进行竣工验收。

（2）工程验收时应具备下列资料：

1）桩基设计文件和施工图，包括施工图纸会审记录、设计变更资料；

2）桩位测量放线图，包括工程基线复核签证单；

3）岩土工程勘察报告；

4）施工组织设计或施工方案；

5）管桩出厂合格证、产品说明书；

6）施工记录汇总，包括桩位编号图；

7）现场用桩检查资料，包括管桩的规格型号，尺寸偏差和外观质量，预应力钢棒的数量和直径，螺旋筋的直径和间距，螺旋筋加密区的长度，钢筋混凝土保护层厚度，桩端板和桩尖的尺寸，预应力钢棒和螺旋筋抽检、接头焊缝验收记录等汇总资料；

8）桩基工程竣工图；

9）桩顶标高、桩顶平面位置、垂直度偏差检测结果；

10）预应力钢棒、螺旋筋、桩端板材质量检验报告，管桩混凝土强度检测报告；

11）桩身完整性检测报告；

12）单桩承载力检测报告，对管桩复合地基还应有复合地基承载力检测报告；

13）监测资料；

14）发生质量事故时的处理记录；

15）施工技术措施记录。

第2节　建筑信息管理

2.2.1 《建筑信息模型施工应用标准》GB/T 51235—2017

1. 施工模型

（1）施工模型宜按统一的规则和要求创建。当按专业或任务分别创建时，各模型应协调一致，并能够集成应用。

（2）深化设计模型宜在施工图设计模型基础上，通过增加或细化模型元素等方式进行创建。

（3）施工过程模型宜在施工图设计模型或深化设计模型基础上创建。宜根据工作分解结构（WBS）和施工方法对模型元素进行必要的拆分或合并处理，并按要求在施工过程中对模型及模型元素附加或关联施工信息。

（4）竣工验收模型宜在施工过程模型的基础上，根据工程项目竣工验收要求，通过修改、增加或删除相关信息创建。

2. 深化设计

（1）在现浇混凝土结构深化设计 BIM 应用中，可基于施工图设计模型或施工图创建深化设计模型，输出深化设计图、工程量清单等（图 2-3）。

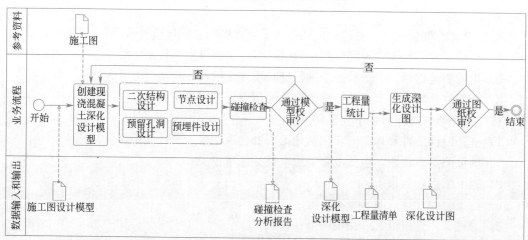

图 2-3　现浇混凝土结构深化设计 BIM 应用典型流程

（2）在装配式混凝土结构深化设计 BIM 应用中，可基于施工图设计模型或施工图，以及预制方案、施工工艺方案等创建深化设计模型，输出平立面布置图、构件深化设计图、节点深化设计图、工程量清单等（图 2-4）。

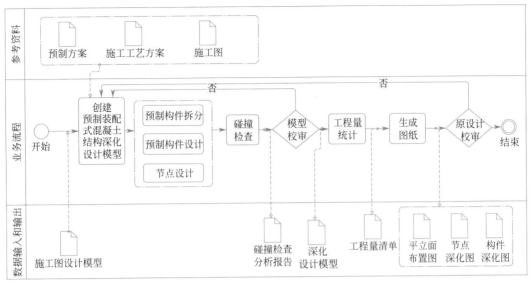

图 2-4 装配式混凝土结构深化设计 BIM 应用典型流程

（3）在钢结构深化设计 BIM 应用中，可基于施工图设计模型或施工图和相关设计文件、施工工艺文件创建钢结构深化设计模型，输出平立面布置图、节点深化设计图、工程量清单等（图 2-5）。

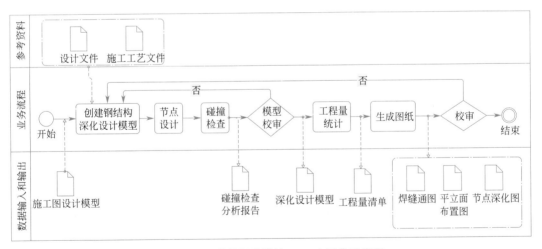

图 2-5 钢结构深化设计 BIM 应用典型流程

（4）在机电深化设计 BIM 应用中，可基于施工图设计模型或建筑、结构、机电和装饰专业设计文件创建机电深化设计模型，完成相关专业管线综合，校核系统合理性，输出机电管线综合图、机电专业施工深化设计图、相关专业配合条件图和工程量清单等（图 2-6）。

3. 施工模拟

（1）在施工组织模拟 BIM 应用中，可基于设计模型或深化设计模型和施工图、施工

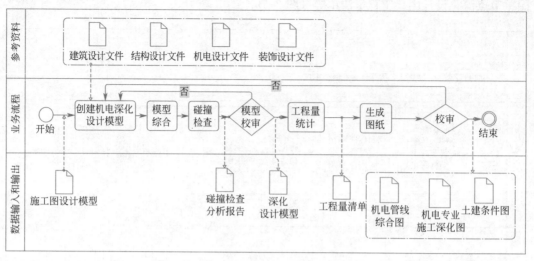

图 2-6　机电深化设计 BIM 应用典型流程

组织设计文档等创建施工组织模型，并应将工序安排、资源配置和平面布置等信息与模型关联，输出施工进度、资源配置等计划，指导和支持模型、视频、说明文档等成果的制作与方案交底（图 2-7）。

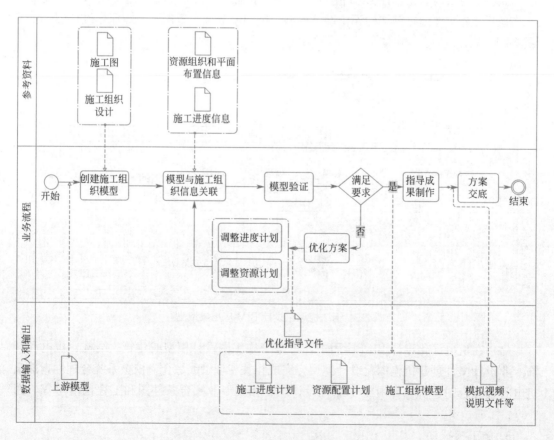

图 2-7　施工组织模拟 BIM 应用典型流程

（2）在施工工艺模拟 BIM 应用中，可基于施工组织模型和施工图创建施工工艺模型，并将施工工艺信息与模型关联，输出资源配置计划、施工进度计划等，指导模型创建、视频制作、文档编制和方案交底（图 2-8）。

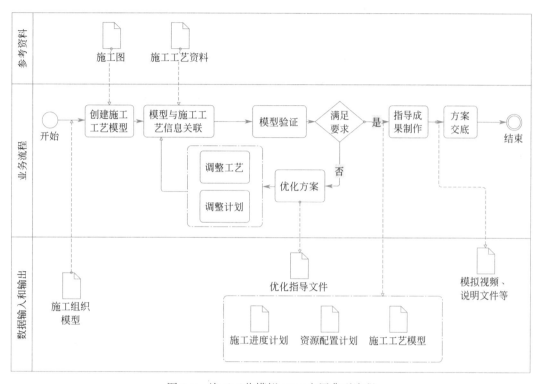

图 2-8　施工工艺模拟 BIM 应用典型流程

4. 预制加工

（1）在混凝土预制构件生产 BIM 应用中，可基于深化设计模型和生产确认函、变更确认函、设计文件等创建混凝土预制构件生产模型，通过提取生产料单和编制排产计划形成资源配置计划和加工图，并在构件生产和质量验收阶段形成构件生产的进度、成本和质量追溯等信息（图 2-9）。

（2）在钢结构构件加工 BIM 应用中，可基于深化设计模型和加工确认函、变更确认函、设计文件创建钢结构构件加工模型，基于专项加工方案和技术标准完成模型细部处理，基于材料采购计划提取模型工程量，基于工厂设备加工能力、排产计划及工期和资源计划完成预制加工模型的批次划分，基于工艺指导书等资料编制工艺文件，并在构件生产和质量验收阶段形成构件生产的进度信息、成本信息和质量追溯信息（图 2-10）。

（3）在机电产品加工 BIM 应用中，可基于深化设计模型和加工确认函、设计变更单、施工核定单、设计文件创建机电产品加工模型，基于专项加工方案和技术标准完成模型细部处理，基于材料采购计划提取模型工程量，基于工厂设备加工能力、排产计划及工期和资源计划完成预制加工模型的批次划分，基于工艺指导书等资料编制工艺文件，在构件生产和质量验收阶段形成构件生产的进度信息、成本信息和

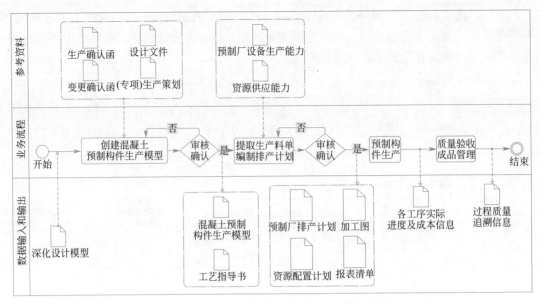

图 2-9　混凝土预制构件生产 BIM 应用典型流程

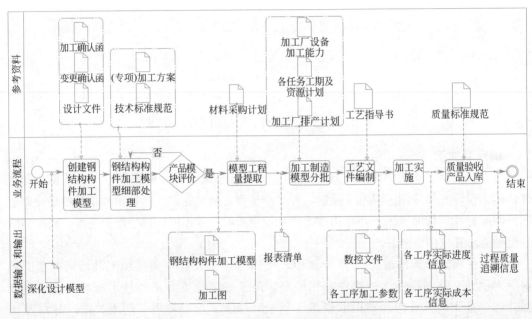

图 2-10　钢结构构件加工 BIM 应用典型流程

质量追溯信息（图 2-11）。

5. 进度管理

（1）在进度计划编制 BIM 应用中，可基于项目特点创建工作分解结构，并编制进度计划，可基于深化设计模型创建进度管理模型，基于定额完成工程量估算和资源配置、进度计划优化，并通过进度计划审查（图 2-12）。

（2）在进度控制 BIM 应用中，应基于进度管理模型和实际进度信息完成进度对比分析，并应基于偏差分析结果更新进度管理模型（图 2-13）。

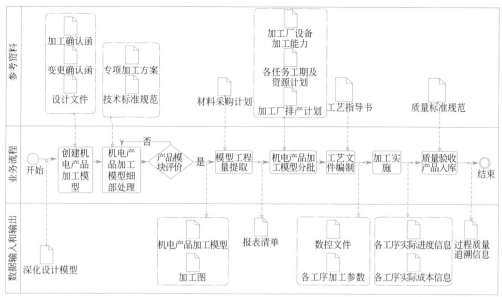

图 2-11　机电产品加工 BIM 应用典型流程

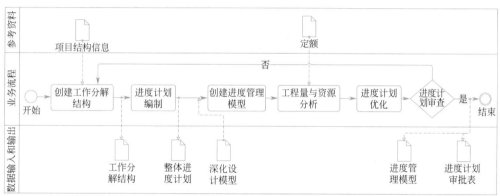

图 2-12　进度计划编制 BIM 应用典型流程

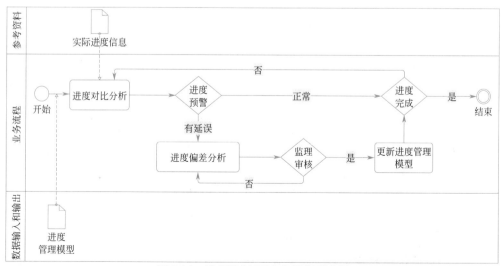

图 2-13　进度控制 BIM 应用典型流程

6. 预算与成本管理

（1）在施工图预算 BIM 应用中，宜基于施工图设计模型创建施工图预算模型，基于清单规范和消耗量定额确定工程量清单项目，输出招标清单项目、招标控制价、投标清单项目及投标报价单（图 2-14）。

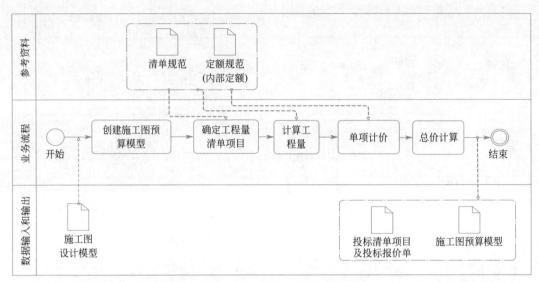

图 2-14 施工图预算 BIM 应用典型流程

（2）在成本管理 BIM 应用中，宜基于深化设计模型或预制加工模型，以及清单规范和消耗量定额创建成本管理模型，通过计算合同预算成本和集成进度信息，定期进行三算对比、纠偏、成本核算、成本分析工作（图 2-15）。

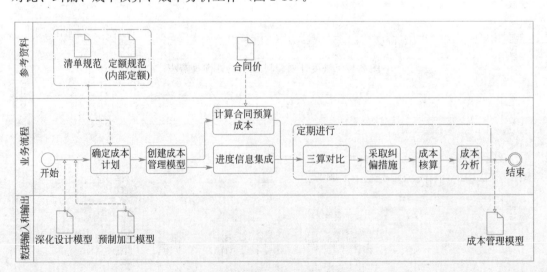

图 2-15 成本管理 BIM 应用典型流程

7. 质量与安全管理

（1）在质量管理 BIM 应用中，宜基于深化设计模型或预制加工模型创建质量管理模型，基于质量验收标准和施工资料标准确定质量验收计划，进行质量验收、质量问题处理、质量问题分析工作（图 2-16）。

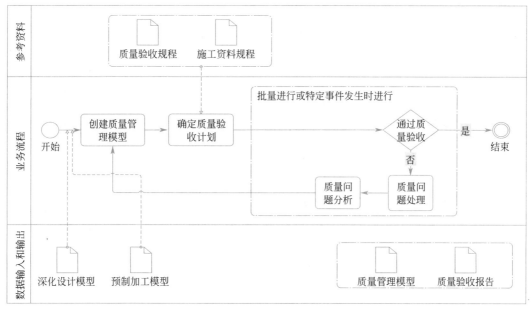

图 2-16　质量管理 BIM 应用典型流程

（2）在安全管理 BIM 应用中，宜基于深化设计或预制加工等模型创建安全管理模型，基于安全管理标准确定安全技术措施计划，采取安全技术措施，处理安全隐患和事故，分析安全问题（图 2-17）。

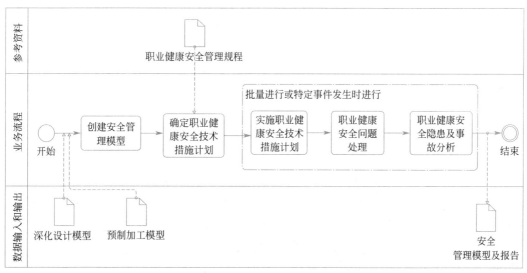

图 2-17　安全管理 BIM 应用典型流程

8. 施工监理

（1）施工监理控制中的质量、造价、进度控制，以及工程变更控制和竣工验收等宜应用 BIM，并将监理控制的过程记录附加或关联到相应的施工过程模型中，将竣工验收监理记录附加或关联到竣工验收模型中（图 2-18）。

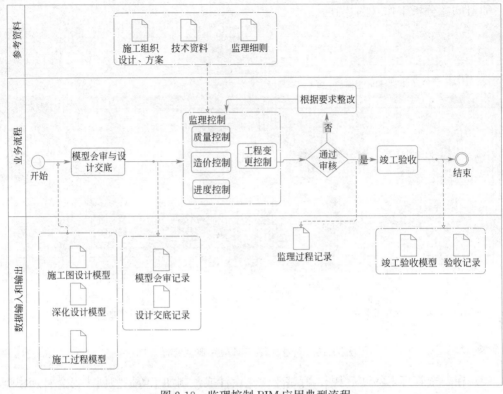

图 2-18 监理控制 BIM 应用典型流程

（2）监理管理 BIM 应用中，宜基于深化设计模型或施工过程模型，将安全管理、合同管理、信息管理的记录和文件附加或关联到模型中（图 2-19）。

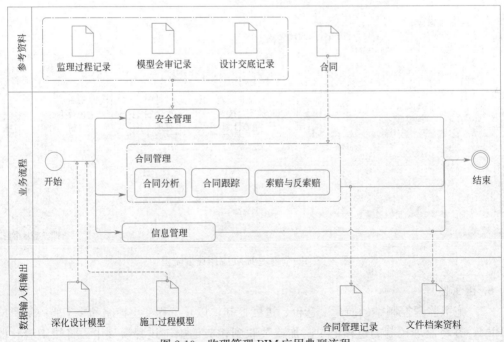

图 2-19 监理管理 BIM 应用典型流程

9. 竣工验收

在竣工验收 BIM 应用中，应将竣工预验收与竣工验收合格后形成的验收信息和资料附加或关联到模型，形成竣工验收模型（图 2-20）。

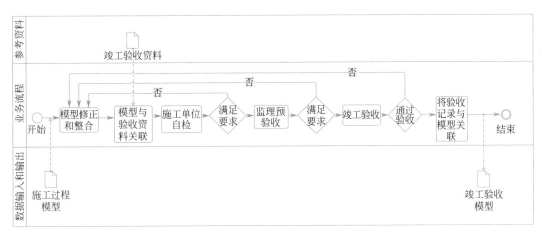

图 2-20 竣工验收 BIM 应用典型流程

2.2.2 《建设电子文件与电子档案管理规范》CJJ/T 117—2017

1. 相对于 2007 版主要修订内容如下：

（1）增加内容：

1）增加了电子文件形成与归档过程中的创建与保存、文件分类、捕获和固化；

2）增加了电子文件归档后的安全保护；

3）增加了电子档案移交目录、电子档案移交证明书、保管期满档案续存清册等方面内容。

（2）删除内容：

主要包括：电子文件代码标识、电子文件收集积累的程序、电子文件的汇总、电子档案的统计、电子文件（档案）案卷（或项目）级登记表、电子文件（档案）文件级登记表、电子文件更改记录表等。

（3）修订内容：

主要包括：归档范围、归档文件格式、整理、归档要求、检验、移交、接收、存储备份等。

（4）整合了电子档案的脱机保管与有效存储。

2. 电子文件类别

（1）文件的类目级别

电子文件分类方案应根据需要设置一级至 N 级类目（图 2-21）。类目级别不宜超过 9 级。

（2）电子文件形成单位可选择的分类方案

1）对业务管理电子文件，可综合运用年度、内设机构、主题等特征，按照图 2-22 所示的层级结构，采用年度—机构—主题方法设置分类方案，或采用机构—年度—主题等方法设置分类方案；

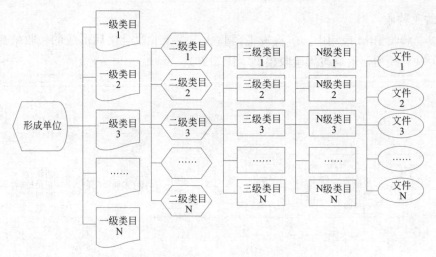

图 2-21 电子文件分类方案层级结构

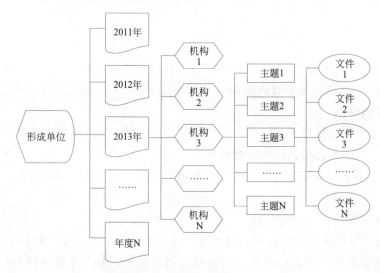

图 2-22 业务管理电子文件分类方案层级结构

2）对工程电子文件，可运用参建单位、文件类别、分部分项、专业等特征，采用图2-23所示的层级结构，按建设工程—文件类别—单位工程—分部（子分部）—分项的逻辑方法设置分类方案。

对电子文件分类方案中的每个层级应进行命名，命名时应根据层级内电子文件内容和业务特征提炼出类名，类名一般不应超过 30 个字。

3. 电子文件归档

（1）归档文件格式

归档的电子文件应采用符合国家规定的、适合长期保存的文件格式。

1）政府采购目录收录的其他正版软件所生成的文本文件也可以直接归档，如 WPS；

2）数据文件除应以其产生的数据库环境为依托进行归档，维持数据原始面貌外，还可将数据文件转换为可以脱离数据库系统读取的数据表文件归档。脱离数据库系统归档的数据表文件以 Microsoft Office、WPS Office 以及政府采购目录收录的其他正版软件所生

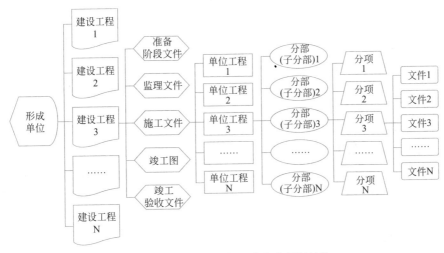

图 2-23　工程电子文件分类方案层级结构

成的表格文件格式归档；

3）图像文件以 JPEG、TIFF 格式归档，较为重要的拍摄图像可以 RAW 格式归档；

4）各类图形文件中矢量图以原始生成格式归档。

（2）归档文件格式的其他选择

1）专用软件产生的其他格式的电子文件，应转换成本规范表 2-6 规定的文件格式；

归档电子文件格式　　　　　　　　　　　　表 2-6

文件类别	格　式
文本（表格）文件	OFD、DOC、DOCX、XLS、XLSX、PDF/A、XML、TXT、RTF
图像文件	JPEG、TIFF
图形文件	DWG、PDF/A、SVG
视频文件	AVS、AVI、MPEG2、MPEG4
音频文件	AVS、WAV、AIF、MID、MP3
数据库文件	SQL、DDL、DBF、MDB、ORA
虚拟现实/3D 图像文件	WRL、3DS、VRML、X3D、IFC、RVT、DGN
地理信息数据文件	DXF、SHP、SDB

2）无法转换的电子文件，应记录足够的技术环境元数据，详细说明电子文件的使用环境和条件；

3）有条件的电子文件形成单位，应同步归档原始格式的电子文件。

（3）建立电子文件管理系统

1）电子文件形成单位应建立电子文件管理系统，并应按现行行业标准《建设电子档案元数据标准》CJJ/T 187 的规定，对业务系统以及其他应用软件、操作系统环境中形成的电子文件及其元数据进行捕获和登记；

2）电子文件管理系统应自动捕获电子文件的层级、标识、题名、责任者、分类、日期、数量或大小等元数据。

（4）元数据的描述

1）登记的时间或处理的过程；

2）当一份文件拥有一个以上的版本时，允许用户选择至少以下一种方式：一份登记了若干版本，将所有版本集合为一份的文件；一份只登记了一个版本的文件；一份登记了若干版本，每个版本都作为独立一项的文件；

3）为电子文件归类决策提供自动化的支持，提供如下手段：为用户制作唯一分类表；为每个用户存储一个关于用户最近使用过文件的清单；提示用户其最近使用最多的文件；提示用户与其正在使用电子文件相关的文件；提示用户来自文件元数据元素的文件，如：用于文件标题的关键字；提示用户来自文件内容的文件；

4）允许一名用户将已完成的捕获过程传输给另一个用户；

5）对于有多个成分组成的电子文件，能够将这些文件视为一份单一、不可分割的文件进行处理，保持文件多个成分间的关系；保持文件的结构完整；支持不久将进行的集成恢复、展示、管理；

6）支持在登记电子文件方面的自动化辅助功能，可给不同种类的文件自动提取足够的元数据。

（5）电子文件的捕获

在电子信息系统环境下，适时获取电子文件及其元数据，并将其纳入电子文件管理系统的方法和过程称之为"捕获"。

（6）电子文件的固化处理

对归档的电子文件应进行固化处理。固化可采用下列方式：

1）采用可靠的电子签名技术；

2）采用封装技术。

（7）电子文件归档的具体要求

1）电子文件形成单位应定期将电子文件整理后归档；

2）电子文件归档可采用在线归档方式或离线归档方式，并应采取措施确保归档电子文件的安全存储；

3）业务系统产生的电子文件应以数据库环境为依托进行归档，维持数据原始面貌；或将数据文件转换为可脱离数据库系统读取的数据表文件归档；

4）电子文件及其元数据应一并归档；

5）电子文件形成者应采用可靠的电子签名、电子签章等手段保障归档电子文件的真实性；

6）经信息技术手段加密的电子文件应在解密后再归档，压缩电子文件应与解压缩软件一并归档；

7）电子文件格式转换后，向本单位档案管理部门移交时，应将转换前和转换后两种格式的电子文件一并归档；向城建档案管理机构移交时，可只移交转换后的电子档案；

8）电子文件离线归档，按优先顺序，可采用移动硬盘、闪存盘、光盘、磁带等存储；

9）归档文件存储媒体的外表应粘贴标签，标签中应包含移交单位、移交日期、存储媒体顺序号、文件内容等。

（8）电子签名与电子签章

1）数据电文中以电子形式所含、所附，用于识别签名人身份并表明签名人认可其中内容的数据称之为电子签名。只有可靠的电子签名才具有法律凭证作用。

2）利用图像处理技术将电子签名操作转化为与纸质文件盖章操作相同的可视效果，是电子签名的一种表现形式，称之为电子签章；

3）为保证电子签名的可靠性，电子文件的形成单位和个人应采取可靠的安全防护技术措施：

①使用带数字证书的电子签章，数字证书应由电子认证机构颁发；

②建立对电子签名操作人员可靠的身份识别与权限控制，对电子签名采取防止非法使用的措施；

③捕获符合安全要求的审计跟踪数据。

4. 电子档案移交与接收

（1）电子档案移交的方式和时间

1）电子档案移交方式，可采用在线或离线方式进行，交接双方可根据实际情况选择确定移交方式；

2）业务管理电子文件形成单位应按有关规定，每1～5年定期向城建档案管理机构移交电子档案。

（2）电子档案接收

接收和移交电子档案应办理交接手续，交接手续应符合下列规定：

1）移交单位应提交电子档案移交目录。电子档案移交目录填写符合下表 2-7 的要求。

电子档案移交目录　　　　　　　　　　　　　表 2-7

序号	文件类别	文件题名	文件编号	责任者	日期	备注

填写说明：

①序号应以一份文件为单位编写，用阿拉伯数字从1依次标注；

②文件类别应填写到文件所属的二级类目；

③文件题名应填写文件标题的全称。当文件无标题时，应根据内容拟写标题，拟写标题外应加"〔〕"符号；

④文件编号应填写文件形成单位的发文号或图纸的图号；

⑤责任者应填写文件的直接形成单位或个人。有多个责任者时，应选择两个主要责任

者，其余用"等"代替；

⑥日期应填写文件的形成日期或文件的起止日期，竣工图应填写编制日期。日期中"年"应用四位数字表示，"月"和"日"应分别用两位数字表示；

⑦备注应填写需要说明的问题。

2）移交和接收双方应填写电子档案移交与接收证明书，并可采用电子形式、以电子签名方式予以确认。电子档案移交与接收证明书应按下表2-8规定填写。

电子档案移交与接收证明书   表 2-8

电子档案基本情况	
档案内容	
移交档案数量	份（件）
移交档案数据量	G
移交媒体类型、规格、数量	
附：移交目录	
交接双方单位名称	
移交单位	接收单位
代表人： 单位盖章 年　月　日	代表人： 单位盖章 年　月　日

填写说明：

①电子档案基本情况应由移交单位填写；

②档案内容应填写交接档案记述反映的主要内容或者类别；

③移交文件数据量应以 G 为单位，精确到小数点后 3 位；

④移交媒体类型应填写所移交的电子档案存储媒体的类别（如光盘、移动硬盘等）；在线移交时，应填写"在线"。

3）电子档案移交与接收证明书和电子档案移交目录一式两份，一份由移交单位保存，一份由接收单位保存。

5. 电子档案保管与利用

（1）电子档案保管设备及环境管理

1）电子档案保管单位应对在线存储和离线存储的电子档案进行保管；应配备符合规定的计算机机房、硬件设备、信息管理系统和网络设施，实现对电子档案的有效管理；

2）电子档案保管单位应定期检查电子档案读取、处理设备。设备环境更新时应确认电子档案存储媒体与新设备的兼容性，如不兼容，应进行存储媒体转换，原存储媒体保留时间不应少于 3 年。

（2）电子档案的转存

对脱机备份的电子档案，电子档案保管单位宜根据存储媒体的寿命，定期转存电子档案。转存时应进行登记，登记内容应按下表2-9的规定填写。

电子档案转存登记表　　　　　　　　　　　　　　　　　　表 2-9

原存储媒体 转存登记	原存储媒体类型和数量： 档案容量： 档案内容描述：		
存储媒体更新 与兼容性检测 登记	转存后的存储媒体类型和数量： 档案容量和内容校验： 转存后的存储媒体兼容性检测：		
填表人（签名）： 　年　月　日	审核人（签名）： 　年　月　日	单位（盖章）： 　年　月　日	

（3）电子档案的迁移

在计算机软硬件系统升级或更新之后，存储媒体过时或电子档案编码方式、存储格式淘汰之前，电子档案保管单位应将电子档案迁移到新的系统、媒体或进行格式转换，其目的是保证其可被持续访问和利用。

2.2.3 《建筑工程施工现场监管信息系统技术标准》JGJ/T 434—2018

1. 系统架构

（1）建筑工程施工现场监管信息系统应对建筑工程施工现场的质量、安全、环境及人员等状况实施监督管理，系统可由数据采集层、基础设施层、数据层、业务应用层和用户层等组成。

（2）数据采集层应实现建筑工程施工现场监管各类信息的收集。宜包括无线射频识别、卫星定位、视频感知、自动监测、智能移动终端采集、综合媒体等传感设备，宜具有身份识别、位置感知、图像感知、状态感知等能力。

（3）基础设施层应搭建起信息系统运行的基础软件、硬件、网络环境，宜包括基础软件、机房、硬件设备、安全设施、网络等基础设施，宜采用云技术、云存储形式。

（4）数据层宜包括建筑工程施工现场的基础数据、监管数据及其他数据，宜建立专门的共享数据库。

（5）业务应用层应由建筑工程施工现场监管各业务应用系统组成，宜建立政务网、公众网或移动网信息门户。

（6）用户层宜包括建设主管部门、建设单位、勘察单位、设计单位、施工单位和监理单位等相关业务人员以及系统管理员和数据维护人员等。

2. 数据共享

（1）数据共享应采取分级权限管理。

（2）系统应建立共享监控机制。宜记录数据共享交换过程的信息，包括发起方、接收方，采用的共享/交换规则、策略的运行情况等。宜比对发送日志和接收日志以验证发送和接收的一致性。

（3）系统应根据业务协同需求设计数据共享接口。数据共享接口的元数据编制、数据库设计、业务代码编制、数据报文设计、数据交换格式设计应符合国家现行相关标准的规定。

3. 安全与保密

（1）建筑工程施工现场监管信息系统应在数据安全保密的前提下实现数据共享。

（2）系统运行环境应符合国家信息安全保密管理的规定。

（3）系统应对所有用户进行统一身份认证，实现分权分域管理。

（4）建筑工程施工现场监管信息系统监管数据应随工程进度同步生成；应采取安全措施，原始数据不得被修改、截留和泄露。

4. 现场监管信息数据

（1）视频监控设备采集数据保存期限应大于 30d；环境监管数据的保存期限应符合下列规定：

1）施工现场端扬尘及噪声在线监测的数据保存期限应大于 30d；

2）系统服务器端扬尘及噪声在线监测的数据保存期限应大于 1 年；

3）环境监测的取证数据保存期限应大于 180d。

（2）建筑工程施工现场监管信息系统数据宜包括基础数据、监管数据及其他数据。

（3）工程基础数据应包括建筑工程施工项目信息、各方责任主体信息、人员信息、设备信息等。

（4）地理空间数据应包括基础底图数据、建筑工地分布图数据；宜包括建设主管部门、建设单位、施工单位、监理单位、设计单位、勘察单位等的位置信息。

（5）系统监管数据应包括质量监管数据、安全监管数据、环境监管数据、从业人员实名制监管数据以及监控视频数据等。具体见表 2-10。

系统监管数据统计表　　　　　　　　　　　　　　　　表 2-10

项　目	数据具体内容	收集与整理标准
质量监管数据	应包括材料检测、工程结构实体检测等检测记录、检验批质量验收记录、分项工程质量验收记录、分部工程质量验收记录、单位工程竣工验收记录等； 宜包括施工组织方案、质量抽查记录、整改通知、工程整改报告、工程质量监督报告、行政处罚数据等	《建筑工程施工质量验收统一标准》GB 50300
安全监管数据	应包括施工现场人员作业行为监管数据、施工机械设备运行安全监管数据、危险性较大的分部分项工程安全监管数据、安全防护相关设施设备安全监管数据、施工现场安全管理行为监管数据等，宜包括安全教育、专项安全施工方案等资料。数据内容宜包括检查、考评、验收、反馈记录表及照片、视频等	《建筑施工安全检查标准》JGJ 59 和《建筑塔式起重机安全监控系统应用技术规程》JGJ 332
环境监管数据	应包括工地扬尘监测数据、现场环境噪声监测数据、工地小气候气象监测数据等	环境监管数据的处理宜符合《环境空气质量标准》GB 3095 和《声环境质量标准》GB 3096，还应符合下列规定： 1. 工地扬尘监测数据应保留至小数点后 3 位；现场环境噪声声级监测数据应保留至小数点后 1 位。 2. 工地扬尘监测数据宜按现行行业标准《环境空气颗粒物（PM2.0 和 PM2.5）连续自动监测系统技术要求及检测方法》HJ 653 的规定进行异常值取舍；项目场景噪声监测数据宜按现行国家标准《声环境质量标准》GB 3096 的规定进行异常值取舍。所有无效数据均应标注标识符，可不参加统计，但应在原始数据库中保留。 3. 环境监管数据采集设备应对采集的数据进行有效性判定，并应标注标识符

项　　目	数据具体内容	收集与整理标准
从业人员实名制监管数据	从业人员基本信息与务工合同信息、项目实名制备案与用工花名册信息、企业工资支付专用账户信息、项目工资支付保证金信息、项目出勤计量信息、从业人员工资支付信息、从业人员务工行为评价信息等	
监控视频数据	建筑工程施工现场监控摄像头所采集、录制的视频等	《公共安全视频监控联网系统信息传输、交换、控制技术要求》GB/T 28181 和《建筑工程施工现场视频监控技术规范》JGJ/T 292
业务数据	系统运行过程中的建设主管部门检查记录、监理单位检查记录、建设单位自查记录、施工单位自查记录、公众举报数据和业务管理数据等	
运行支撑数据	系统机构定义、人员角色定义、业务定义、工作流程定义、业务表单定义、地图参数定义、统计报表定义和安全监管日志等	

5. 系统运维

（1）系统运维管理的主要对象应包括网络系统、主机和存储系统、数据库和软件系统。

（2）系统运维管理内容应包括设备运行状态、设备间网络端口转发与路由、业务数据库和应用进程等的日常监控和运行状态报告及对硬件设备操作系统、业务中间件软件、业务应用系统和数据库的优化配置等。

（3）系统运维管理流程应涉及配置管理、变更管理、故障管理和安全管理，并应符合下列规定：

1）配置管理应将系统中的配置元素记录在案，并应通过配置管理工作流程进行系统配置变更；

2）变更管理应包括实施变更流程控制，发生变更时应及时申请、及时审批和及时实施，变更应记录在案；

3）故障管理应对故障及时发现、及时报告、及时解决和及时存档；

4）安全管理应完成每一类管理任务，负责各自技术范围内的安全配置、检查和审核等工作。

（4）系统应能实现完善的用户管理机制，对管理员和用户角色应能分级授权。

（5）系统应实现日常数据增量备份和定期全备份，建立数据更新审批机制。数据更新宜在非主要业务时间进行，应能实现日志记录，各操作过程应具有可追溯性。

第 3 节　建筑主体结构施工

2.3.1　《建筑地基基础工程施工质量验收标准》GB 50202—2018

1. 修订的主要技术内容包括：

（1）调整了章节的编排。

（2）删除了原规范中对具体地基名称的术语说明，增加了与验收要求相关的术语内容。

（3）完善了验收的基本规定，增加了验收时应提交的资料、验收程序、验收内容及评价标准的规定。

（4）调整了振冲地基和砂桩地基，合并成砂石桩复合地基。

（5）增加了无筋扩展基础、钢筋混凝土扩展基础、筏形与箱形基础、锚杆基础等基础的验收规定。

（6）增加了咬合桩墙、土体加固及与主体结构相结合的基坑支护的验收规定。

（7）增加了特殊土地基基础工程的验收规定。

（8）增加了地下水控制和边坡工程的验收规定。

（9）增加了验槽检验要点的规定。

（10）删除了原规范中与具体验收内容不协调的规定。

2. 地基工程

（1）平板静载试验采用的压板尺寸应按设计或有关标准确定。素土和灰土地基、砂和砂石地基、土工合成材料地基、粉煤灰地基、注浆地基、预压地基的静载试验的压板面积不宜小于 $1.0m^2$；强夯地基静载试验的压板面积不宜小于 $2.0m^2$。复合地基静载试验的压板尺寸应根据设计置换率计算确定。

（2）地基承载力检验时，静载试验最大加载量不应小于设计要求的承载力特征值的 2 倍。

（3）砂石桩、高压喷射注浆桩、水泥土搅拌桩、土和灰土挤密桩、水泥粉煤灰碎石桩、夯实水泥土桩等复合地基的承载力必须达到设计要求。复合地基承载力的检验数量不应少于总桩数的 0.5%，且不应少于 3 点。有单桩承载力或桩身强度检验要求时，检验数量不应少于总桩数的 0.5%，且不应少于 3 根。

（4）砂和砂石地基施工中应检查分层厚度、分段施工时搭接部分的压实情况、加水量、压实遍数、压实系数。施工结束后，应进行地基承载力检验。

（5）施工中应检查基槽清底状况、回填料铺设厚度及平整度、土工合成材料的铺设方向、接缝搭接长度或缝接状况、土工合成材料与结构的连接状况等。施工结束后，应进行地基承载力检验。

（6）粉煤灰地基施工中应检查分层厚度、碾压遍数、施工含水量控制、搭接区碾压程度、压实系数等。施工结束后，应进行承载力检验。

（7）强夯地基施工中应检查夯锤落距、夯点位置、夯击范围、夯击击数、夯击遍数、每击夯沉量、最后两击的平均夯沉量、总夯沉量和夯点施工起止时间等。施工结束后，应进行地基承载力、地基土的强度、变形指标及其他设计要求指标检验。

（8）注浆地基施工前应检查注浆点位置、浆液配比、浆液组成材料的性能及注浆设备性能。施工结束后，应进行地基承载力、地基土强度和变形指标检验。

（9）预压地基施工前应检查施工监测措施和监测初始数据、排水设施和竖向排水体等。施工中应检查堆载高度、变形速率，真空预压施工时应检查密封膜的密封性能、真空表读数等。施工结束后，应进行地基承载力与地基土强度和变形指标检验。

（10）振冲法施工的砂石桩复合地基，施工前应检查砂石料的含泥量及有机质含量等。振冲法施工前应检查振冲器的性能，应对电流表、电压表进行检定或校准。施工中尚应检查密实电流、供水压力、供水量、填料量、留振时间、振冲点位置、振冲器施工参数等。

施工结束后，应进行复合地基承载力、桩体密实度等检验。

（11）高压喷射注浆复合地基施工前应检验水泥、外掺剂等的质量，桩位，浆液配比，高压喷射设备的性能等，并应对压力表、流量表进行检定或校准。施工中应检查压力、水泥浆量、提升速度、旋转速度等施工参数及施工程序。施工结束后，应检验桩体的强度和平均直径，以及单桩与复合地基的承载力等。

（12）水泥土搅拌桩复合地基施工前应检查水泥及外掺剂的质量、桩位、搅拌机工作性能，并应对各种计量设备进行检定或校准。施工中应检查机头提升速度、水泥浆或水泥注入量、搅拌桩的长度及标高。施工结束后，应检验桩体的强度和直径，以及单桩与复合地基的承载力。

（13）土和灰土挤密桩复合地基施工前应对石灰及土的质量、桩位等进行检查。施工中应对桩孔直径、桩孔深度、夯击次数、填料的含水量及压实系数等进行检查。施工结束后，应检验成桩的质量及复合地基承载力。

（14）水泥粉煤灰碎石桩复合地基施工前应对入场的水泥、粉煤灰、砂及碎石等原材料进行检验。施工中应检查桩身混合料的配合比、坍落度和成孔深度、混合料充盈系数等。

施工结束后，应对桩体质量、单桩及复合地基承载力进行检验。

夯实水泥土桩复合地基施工前应对进场的水泥及夯实用土料的质量进行检验。施工中应检查孔位、孔深、孔径、水泥和土的配比及混合料含水量等。施工结束后，应对桩体质量、复合地基承载力及褥垫层夯填度进行检验。

3. 基础工程

（1）灌注桩混凝土强度检验的试件应在施工现场随机抽取。来自同一搅拌站的混凝土，每浇筑 $50m^3$ 必须至少留置 1 组试件；当混凝土浇筑量不足 $50m^3$ 时，每连续浇筑 12h 必须至少留置 1 组试件。对单柱单桩，每根桩应至少留置 1 组试件。

1）灌注桩的桩径、垂直度及桩位允许偏差应符合表 2-11 的规定；

灌注桩的桩径、垂直度及桩位允许偏差 表 2-11

序	成孔方法		桩径允许偏差(mm)	垂直度允许偏差	桩位允许偏差(mm)
1	泥浆护壁钻孔桩	$D<1000mm$	$\geqslant 0$	$\leqslant 1/100$	$\leqslant 70+0.01H$
		$D\geqslant 1000mm$			$\leqslant 100+0.01H$
2	套管成孔灌注桩	$D<500mm$	$\geqslant 0$	$\leqslant 1/100$	$\leqslant 70+0.01H$
		$D\geqslant 500mm$			$\leqslant 100+0.01H$
3	干成孔灌注桩		$\geqslant 0$	$\leqslant 1/100$	$\leqslant 70+0.01H$
4	人工挖孔桩		$\geqslant 0$	$\leqslant 1/200$	$\leqslant 50+0.005H$

注：1. H 为桩基施工面至设计桩顶的距离（mm）；2. D 为设计桩径（mm）。

2）工程桩应进行承载力和桩身完整性检验；

3）设计等级为甲级或地质条件复杂时，应采用静载试验的方法对桩基承载力进行检验，检验桩数不应少于总桩数的 1%，且不应少于 3 根，当总桩数少于 50 根时，不应少于 2 根。在有经验和对比资料的地区，设计等级为乙级、丙级的桩基可采用高应变法对桩基进行竖向抗压承载力检测，检测数量不应少于总桩数的 5%，且不应少于 10 根；

4）工程桩的桩身完整性的抽检数量不应少于总桩数的 20%，且不应少于 10 根。每根柱子承台下的桩抽检数量不应少于 1 根。

（2）钢筋混凝土预制桩施工前应检验成品桩构造尺寸及外观质量。施工中应检验接桩质量、锤击及静压的技术指标、垂直度以及桩顶标高等。施工结束后应对承载力及桩身完整性等进行检验。

（3）泥浆护壁成孔灌注桩施工前应检验灌注桩的原材料及桩位处的地下障碍物处理资料。施工中应对成孔、钢筋笼制作与安装、水下混凝土灌注等各项质量指标进行检查验收；嵌岩桩应对桩端的岩性和入岩深度进行检验。施工后应对桩身完整性、混凝土强度及承载力进行检验。

（4）人工挖孔桩应复验孔底持力层土岩性，嵌岩桩应有桩端持力层的岩性报告。

（5）岩石锚杆基础施工中应对孔位、孔径、孔深、注浆压力等进行检验。施工结束后应对抗拔承载力和锚固体强度进行检验。

4. 特殊土地基基础工程

（1）湿陷性黄土场地

1）土和灰土挤密桩地基：对预钻孔夯扩桩，在施工前应检查夯锤重量、钻头直径，施工中应检查预钻孔孔径、每次填料量、夯锤提升高度、夯击次数、成桩直径等参数；

2）对复合土层湿陷性、桩间土湿陷系数、桩间土平均挤密系数进行检验；

3）桩基或水泥粉煤灰碎石桩等复合地基的工程，应对挤密桩和桩基或复合地基分别验收。

4）预浸水法质量检验应符合下列规定：

①施工前应检查浸水坑平面开挖尺寸和深度、浸水孔数量、深度和间距；

②施工中应检查湿陷变形量及浸水坑内水头高度。

（2）冻土

冻土地区保温隔热地基的验收应符合下列规定：

1）施工前应对保温隔热材料单位面积的质量、厚度、密度、强度、压缩性等做检验；

2）施工中应检查地基土质量，回填料铺设厚度及平整度，保温隔热材料的铺设厚度、方向、接缝、防水、保护层与结构连接状况；

3）施工结束后应进行承载力或压缩变形检验。

（3）盐渍土地基中设置隔水层时，隔水层施工前应检验土工合成材料的抗拉强度、抗老化性能、防腐蚀性能，施工过程中应检查土工合成材料的搭接宽度或焊接强度、保护层厚度等。

盐渍土地区基础施工前应检验建筑材料（砖、砂、石、水等）的含盐量、防腐添加剂及防腐涂料的质量，施工过程中应检验防腐添加剂的用法和用量、防腐涂层的施工质量。

5. 基坑支护工程

（1）基坑支护结构施工前应对放线尺寸进行校核，施工过程中应根据施工组织设计复核各项施工参数，施工完成后宜在一定养护期后进行质量验收。

（2）基坑开挖过程中，应根据分区分层开挖情况及时对基坑开挖面的围护墙表观质量，支护结构的变形、渗漏水情况以及支撑竖向支承构件的垂直度偏差等项目进行检查。

（3）基坑支护工程验收应以保证支护结构安全和周围环境安全为前提。

（4）土钉墙支护工程施工过程中应对放坡系数，土钉位置，土钉孔直径、深度及角度，土钉杆体长度，注浆配比、注浆压力及注浆量，喷射混凝土面层厚度、强度等进行检验。

（5）地下连续墙施工中应定期对泥浆指标、钢筋笼的制作与安装、混凝土的坍落度、预制地下连续墙墙段安放质量、预制接头、墙底注浆、地下连续墙成槽及墙体质量等进行检验。

（6）内支撑施工前，应对放线尺寸、标高进行校核。对混凝土支撑的钢筋和混凝土、钢支撑的产品构件和连接构件以及钢立柱的制作质量等进行检验。施工结束后，对应的下层土方开挖前应对水平支撑的尺寸、位置、标高、支撑与围护结构的连接节点、钢支撑的连接节点和钢立柱的施工质量进行检验。

（7）锚杆施工前应对钢绞线、锚具、水泥、机械设备等进行检验。

锚杆施工中应对锚杆位置，钻孔直径、长度及角度，锚杆杆体长度，注浆配比、注浆压力及注浆量等进行检验。

锚杆应进行抗拔承载力检验，检验数量不宜少于锚杆总数的 5%，且同一土层中的锚杆检验数量不应少于 3 根。

6. 地下水控制

（1）基坑工程开挖前应验收预降排水时间。预降排水时间应根据基坑面积、开挖深度、工程地质与水文地质条件以及降排水工艺综合确定。减压预降水时间应根据设计要求或减压降水验证试验结果确定。

（2）降排水运行中，应检验基坑降排水效果是否满足设计要求。分层、分块开挖的土质基坑，开挖前潜水水位应控制在土层开挖面以下 0.5～1.0m；承压含水层水位应控制在安全水位埋深以下。岩质基坑开挖施工前，地下水位应控制在边坡坡脚或坑中的软弱结构面以下。

（3）设有截水帷幕的基坑工程，宜通过预降水过程中的坑内外水位变化情况检验帷幕止水效果。

截水帷幕采用单轴水泥土搅拌桩、双轴水泥土搅拌桩、三轴水泥土搅拌桩、高压喷射注浆时，取芯数量不宜少于总桩数的 1%，且不应少于 3 根。截水帷幕采用渠式切割水泥土连续墙时，取芯数量宜沿基坑周边每 50 延米取 1 个点，且不应少于 3 个。

（4）采用集水明排的基坑，应检验排水沟、集水井的尺寸。排水时集水井内水位应低于设计要求水位不小于 0.5m。

（5）降水井正式施工时应进行试成井。试成井数量不应少于 2 口（组），并应根据试成井检验成孔工艺、泥浆配比，复核地层情况等。

降水井施工中应检验成孔垂直度。降水井的成孔垂直度偏差为 1/100，井管应居中竖直沉设。

（6）降水运行应独立配电。降水运行前，应检验现场用电系统。连续降水的工程项目，尚应检验双路以上独立供电电源或备用发电机的配置情况。

降水运行过程中，应监测和记录降水场区内和周边的地下水位。采用悬挂式帷幕基坑降水的，尚应计量和记录降水井抽水量。

降水运行结束后，应检验降水井封闭的有效性。

（7）回灌管井施工中应检验成孔垂直度。成孔垂直度允许偏差为 1/100，井管应居中竖直沉设。回灌运行前，应检验回灌管路的安装质量和密封性。回灌管路上应装有流量计和流量控制阀。回灌运行中及回扬时，应计量和记录回灌量、回扬量，并应监测地下水位和周边环境变形。

施工完成后的休止期不应少于 14d，休止期结束后应进行试回灌，检验成井质量和回灌效果。

7. 土石方工程

（1）土石方开挖的顺序、方法必须与设计工况和施工方案相一致，并应遵循"开槽支撑，先撑后挖，分层开挖，严禁超挖"的原则。

（2）施工前应检查支护结构质量、定位放线、排水和地下水控制系统，以及对周边影响范围内地下管线和建（构）筑物保护措施的落实，并应合理安排土方运输车辆的行走路线及弃土场。附近有重要保护设施的基坑，应在土方开挖前对围护体的止水性能通过预降水进行检验。

（3）施工中应检查平面位置、水平标高、边坡坡率、压实度、排水系统、地下水控制系统、预留土墩、分层开挖厚度、支护结构的变形，并随时观测周围环境变化。

（4）在基坑（槽）、管沟等周边堆土的堆载限值和堆载范围应符合基坑围护设计要求，严禁在基坑（槽）、管沟、地铁及建构（筑）物周边影响范围内堆土。对于临时性堆土，应视挖方边坡处的土质情况、边坡坡率和高度，检查堆放的安全距离，确保边坡稳定。在挖方下侧堆土时应将土堆表面平整，其顶面高程应低于相邻挖方场地设计标高，保持排水畅通，堆土边坡坡率不宜大于 1：1.5。

（5）土石方回填施工前应检查基底的垃圾、树根等杂物清除情况，测量基底标高、边坡坡率，检查验收基础外墙防水层和保护层等。回填料应符合设计要求，并应确定回填料含水量控制范围、铺土厚度、压实遍数等施工参数。施工中应检查排水系统，每层填筑厚度、辗迹重叠程度、含水量控制、回填土有机质含量、压实系数等。回填施工的压实系数应满足设计要求。当采用分层回填时，应在下层的压实系数经试验合格后进行上层施工。填筑厚度及压实遍数应根据土质、压实系数及压实机具确定。施工结束后，应进行标高及压实系数检验。

8. 地基与基础工程验槽

（1）勘察、设计、监理、施工、建设等各方相关技术人员应共同参加验槽。

（2）验槽时，现场应具备岩土工程勘察报告、轻型动力触探记录（可不进行轻型动力触探的情况除外）、地基基础设计文件、地基处理或深基础施工质量检测报告等。

（3）当设计文件对基坑坑底检验有专门要求时，应按设计文件要求进行。

（4）验槽应在基坑或基槽开挖至设计标高后进行，对留置保护土层时其厚度不应超过100mm；槽底应为无扰动的原状土。

（5）遇到下列情况之一时，尚应进行专门的施工勘察。

1）工程地质与水文地质条件复杂，出现详勘阶段难以查清的问题时；

2）开挖基槽发现土质、地层结构与勘察资料不符时；

3）施工中地基土受严重扰动，天然承载力减弱，需进一步查明其性状及工程性质时；

4）开挖后发现需要增加地基处理或改变基础型式，已有勘察资料不能满足需求时；

5）施工中出现新的岩土工程或工程地质问题，已有勘察资料不能充分判别新情况时。

（6）验槽完毕填写验槽记录或检验报告，对存在的问题或异常情况提出处理意见。

（7）天然地基验槽应检验下列内容：

1）根据勘察、设计文件核对基坑的位置、平面尺寸、坑底标高；

2）根据勘察报告核对基坑底、坑边岩土体和地下水情况；

3）检查空穴、古墓、古井、暗沟、防空掩体及地下埋设物的情况，并应查明其位置、深度和性状；

4）检查基坑底土质的扰动情况以及扰动的范围和程度；

5）检查基坑底土质受到冰冻、干裂、受水冲刷或浸泡等扰动情况，并应查明影响范围和深度。

（8）地基处理工程验槽

1）对于换填地基、强夯地基，应现场检查处理后的地基均匀性、密实度等检测报告和承载力检测资料；

2）对于增强体复合地基，应现场检查桩位、桩头、桩间土情况和复合地基施工质量检测报告；

3）对于特殊土地基，应现场检查处理后地基的湿陷性、地震液化、冻土保温、膨胀土隔水、盐渍土改良等方面的处理效果检测资料；

4）经过地基处理的地基承载力和沉降特性，应以处理后的检测报告为准。

（9）桩基工程验槽

1）设计计算中考虑桩筏基础、低桩承台等桩间土共同作用时，应在开挖清理至设计标高后对桩间土进行检验；

2）对人工挖孔桩，应在桩孔清理完毕后，对桩端持力层进行检验。对大直径挖孔桩，应逐孔检验孔底的岩土情况；

3）在试桩或桩基施工过程中，应根据岩土工程勘察报告对出现的异常情况、桩端岩土层的起伏变化及桩周岩土层的分布进行判别。

（10）地基基础工程验收

地基基础工程验收时应提交下列资料：

1）岩土工程勘察报告；

2）设计文件、图纸会审记录和技术交底资料；

3）工程测量、定位放线记录；

4）施工组织设计及专项施工方案；

5）施工记录及施工单位自查评定报告；

6）监测资料；

7）隐蔽工程验收资料；

8）检测与检验报告；

9）竣工图。

2.3.2　《建筑工程逆作法技术标准》JGJ 432—2018

1. 一般规定

(1) 逆作法宜采用支护结构与主体结构相结合的形式。围护结构宜与主体地下结构外墙相结合,采用两墙合一或桩墙合一;水平支撑体系应全部或部分采用主体地下水平结构;竖向支承桩柱宜与主体结构桩、柱相结合。

(2) 作法施工中的主体结构应满足建筑结构的承载力、变形和耐久性的控制要求。

(3) 逆作法建筑工程应进行信息化施工,并应对基坑支护体系、地下结构和周边环境进行全过程监测。

2. 围护结构

(1) 围护结构施工前应进行下列工作:

1) 遇有不良地质时,应进行查验;

2) 复核测量基准线、水准基点,并在施工中进行复测和保护;

3) 场地内的道路、供电、供水、排水、泥浆循环系统等设施应布置到位;

4) 标明和清除围护结构处的地下障碍物,应对地下管线进行迁移或保护,做好施工场地平整工作;

5) 设备进场应进行安装调试和检查验收。

(2) 围护结构施工中应进行过程控制,通过现场监测和检测及时掌握围护结构施工质量,并应采取减少对周边环境影响的措施。

(3) 维护结构选型

1) 两墙合一的地下连续墙可采用单一墙、复合墙和叠合墙的形式,宜进行墙底注浆加固。单幅槽段注浆管数量不应少于2根,宜设置在墙厚中部,且应沿槽段长度方向均匀布置,注浆管间距不宜大于3m。

2) 两墙合一地下连续墙施工质量检测应符合下列规定:

①槽壁垂直度、深度、宽度及沉渣应全数进行检测,当采用套铣接头时应对接头处进行两个方向的垂直度检测;

②现浇墙体的混凝土质量应采用超声波透射法进行检测,检测数量不应少于墙体总量的20%,且不应少于3幅;

③当采用超声波透射法判定的墙身质量不合格时,应采用钻孔取芯法进行验证;

④墙身混凝土抗压强度试块每$100m^3$混凝土不应少于1组,且每幅槽段不应少于1组,每组3件;墙身混凝土抗渗试块每5幅槽段不应少于1组,每组6件。

3) 灌注桩排桩

4) 型钢水泥土搅拌墙

5) 咬合式排桩

咬合式排桩平面布置可采用有筋桩和无筋桩搭配、有筋桩和有筋桩搭配两种形式。

3. 竖向支承桩柱

(1) 逆作法竖向支承结构由竖向支承柱和竖向支承桩组成,一般宜采用一柱一桩形式。竖向支承柱与地下水平结构连接节点应根据计算设置抗剪钢筋、栓钉或钢牛腿抗剪措施。

(2) 支承柱插入支承桩的深度应通过计算确定,并应符合下列规定:

1) 带栓钉钢管混凝土支承柱插入深度不应小于4倍钢管外径,且不应小于2.5m;

2）未设置栓钉等抗剪措施的钢管混凝土支承柱插入深度不应小于 6 倍钢管外径，且不应小于 3m；

3）格构柱插入深度不应小于 3m。

（3）钢管混凝土支承柱插入支承桩的范围及其下 2 倍桩径范围内桩的箍筋应加密，间距不应大于 100mm。

（4）支承柱插入支承桩方式可结合支承桩柱类型、施工机械设备、成孔工艺及垂直度要求综合确定，可采用先插法或后插法；当支承桩为人工挖孔桩时，也可采用在支承桩顶部预埋定位基座后再安装支承柱的方法。

（5）对于工程地质条件复杂、上下同步逆作法工程、逆作阶段承载力和变形控制要求高的竖向支承桩，应采用静载荷试验对支承桩单桩竖向承载力进行检测，检测数量不应少于 1%，且不应少于 3 根。

4. 先期地下结构

（1）先期地下结构施工前应结合地下结构开口布置、逆作阶段受力和施工要求预留孔洞，施工时应预留后期地下结构所需要的钢筋、埋件以及混凝土浇捣孔。

（2）预留孔洞的周边应设置防护栏杆，其平面布置应综合下列因素确定：

1）应结合施工部署、行车路线、先期地下结构分区、上部结构施工平面布置确定；

2）预留孔洞大小应结合挖土设备作业、施工机具及材料运转确定；

3）取土口留设时宜结合主体结构的楼梯间、电梯井等结构开口部位进行布置，在符合结构受力的情况下，应加大取土口的面积；

4）不宜设置在结构边跨位置；确需设置在边跨时，应对孔洞周边结构进行加强处理；

5）不宜设置在结构标高变化处。

（3）地下水平结构施工前应预先考虑后期结构的施工方法，并应采取下列技术措施：

1）框架柱的四周或中间应预留混凝土浇捣孔，浇捣孔孔径大小宜为 100～220mm，每个框架柱浇捣孔数量不应少于 2 个，应呈对角布置，且应避让框架梁；

2）剪力墙侧边或中间应预留混凝土浇捣孔，浇捣孔宜沿剪力墙纵向按 1200～2000mm 间距均匀布置；

3）后期结构的混凝土浇捣孔可使用 PVC 管或钢管进行预留；

4）柱、墙水平施工缝宜距梁底下不小于 300mm。

5. 后期地下结构

（1）后期地下结构施工拆除先期地下结构预留孔洞范围内的临时水平支撑时，应按照设计工况在可靠换撑形成后进行；当有多层临时水平支撑时，应自下而上逐层换撑、逐层拆撑；临时支撑拆除时应监测该区域结构的变形及内力，并应预先制定应急预案。

（2）临时竖向支承柱的拆除应在后期竖向结构施工完成并达到竖向荷载转换条件后进行，并应按自上而下的顺序拆除，拆除时应监测相应区域结构变形，并应预先制定应急预案。

（3）后期地下竖向结构施工应采取措施保证水平接缝混凝土浇筑的质量，应结合工程情况采取超灌法、注浆法或灌浆法等接缝处理方式。

6. 上下同步逆作法

（1）上下同步逆作法的工程，应选择刚度大、传力可靠的地下水平结构层作为界面层；当剪力墙或核心筒上部同步逆作时，宜选择结构嵌固层以下的地下水平结构层作为界面层；当界面层为地下一层或以下的地下水平结构层时，应对开挖至界面层的围护体悬臂工况采取控制基坑变形的设计与施工措施。

（2）上下同步逆作法施工时，应对上下同步逆作区域内的竖向支承桩柱、托换结构进行变形监测。

（3）上下同步逆作法工程中，托换剪力墙或筒体的竖向支承柱设计应符合下列规定：

1）托换支承柱宜采用格构柱；

2）当剪力墙厚度大于支承柱截面尺寸 200mm 以上，且支承柱定位精度有保证时，支承柱可采用钢管混凝土柱或型钢柱；

3）支承柱不宜设置在剪力墙钢筋密集部位；

4）支承柱布置应便于剪力墙水平筋穿越施工。

（4）上下同步逆作法施工中应对竖向构件和托换构件的内力进行监测，并应对托换构件的变形和裂缝情况进行监测和观测。

2.3.3 《建筑钢结构防火技术规范》GB 51249—2017

1. 基本规定

（1）钢结构构件的设计耐火极限应根据建筑的耐火等级，按现行国家标准《建筑设计防火规范》GB 50016 的规定确定。柱间支撑的设计耐火极限应与柱相同，楼盖支撑的设计耐火极限应与梁相同，屋盖支撑和系杆的设计耐火极限应与屋顶承重构件相同。

（2）钢结构的防火设计应根据结构的重要性、结构类型和荷载特征等选用基于整体结构耐火验算或基于构件耐火验算的防火设计方法，并应符合下列规定：

1）跨度不小于 60m 的大跨度钢结构，宜采用基于整体结构耐火验算的防火设计方法；

2）预应力钢结构和跨度不小于 120m 的大跨度建筑中的钢结构，应采用基于整体结构耐火验算的防火设计方法。

（3）钢结构构件的耐火验算和防火设计，可采用耐火极限法、承载力法或临界温度法。

钢结构构件的耐火极限经验算低于设计耐火极限时，应采取防火保护措施。

2. 防火保护措施与构造

（1）钢结构的防火保护措施应根据钢结构的结构类型、设计耐火极限和使用环境等因素，按照下列原则确定：

1）防火保护施工时，不产生对人体有害的粉尘或气体；

2）钢构件受火后发生允许变形时，防火保护不发生结构性破坏与失效；

3）施工方便且不影响前续已完工的施工及后续施工；

4）具有良好的耐久、耐候性能。

（2）钢结构的防火保护可采用下列措施之一或其中几种的复（组）合：

1）喷涂（抹涂）防火涂料；

2）包覆防火板；

3）包覆柔性毡状隔热材料；

4）外包混凝土、金属网抹砂浆或砌筑砌体。

（3）钢结构采用喷涂非膨胀型防火涂料保护时，其防火保护构造宜按图 2-24 选用。

有下列情况之一时，宜在涂层内设置与钢构件相连接的镀锌铁丝网或玻璃纤维布：

1）构件承受冲击、振动荷载；

2）防火涂料的黏结强度不大于 0.05MPa；

3）构件的腹板高度大于 500mm 且涂层厚度不小于 30mm；

4）构件的腹板高度大于 500mm 且涂层长期暴露在室外。

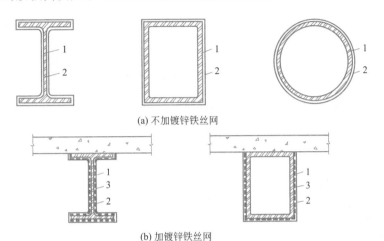

(a) 不加镀锌铁丝网

(b) 加镀锌铁丝网

图 2-24　防火涂料保护构造图

1—钢构件；2—防火涂料；3—锌铁丝网

（4）钢结构采用包覆防火板保护时，钢柱的防火板保护构造宜按图 2-25 选用，钢梁的防火板保护构造宜按图 2-26 选用。

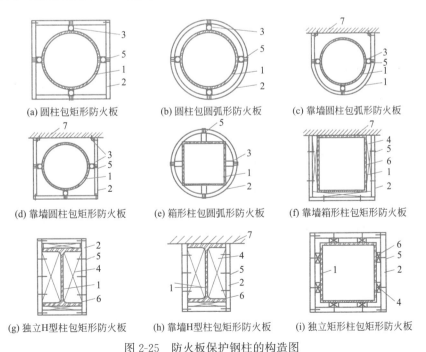

(a) 圆柱包矩形防火板　　(b) 圆柱包圆弧形防火板　　(c) 靠墙圆柱包弧形防火板

(d) 靠墙圆柱包矩形防火板　　(e) 箱形柱包圆弧形防火板　　(f) 靠墙箱形柱包矩形防火板

(g) 独立H型柱包矩形防火板　　(h) 靠墙H型柱包矩形防火板　　(i) 独立矩形柱包矩形防火板

图 2-25　防火板保护钢柱的构造图

1—钢柱；2—防火板；3—钢龙骨；4—垫块；5—自攻螺钉（射钉）；6—高温黏贴剂；7—墙体

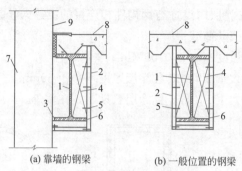

(a)靠墙的钢梁　　　　　　　(b)一般位置的钢梁

图 2-26　防火板保护钢梁的构造图

1—钢梁；2—防火板；3—钢龙骨；4—垫块；5—自攻螺钉（射钉）；

6—高温黏贴剂；7—墙体；8—楼板；9—金属防火板

3. 火灾对结构性能影响

（1）火灾下轴心受拉钢构件或轴心受压钢构件的强度应按式 2-14 验算：

$$\frac{N}{A_n} \leqslant f_T \tag{2-14}$$

式中　N——火灾下钢构件的轴拉（压）力设计值；

A_n——净截面面积；

f_T——高温下钢材的强度设计值，按本规范第 5.1 节规定确定。

（2）火灾下轴心受压钢构件的稳定性应按下列公式验算：

$$\frac{N}{\varphi_T A_n} \leqslant f_T \tag{2-15}$$

$$\varphi_T = \alpha_c \varphi \tag{2-16}$$

式中　N——火灾下钢构件的轴向压力设计值；

A——毛截面面积；

φ_T——高温下轴心受压钢构件的稳定系数；

φ——常温下轴心受压钢构件的稳定系数，应按现行国家标准《钢结构设计规范》

GB 50017 的规定确定；

α_c——高温下轴心受压钢构件的稳定验算参数。

（3）火灾下单轴受弯钢构件的强度应按下式验算：

$$\frac{M}{\gamma W_n} \leqslant f_T \tag{2-17}$$

式中　M——火灾下构件的最不利截面处的弯矩设计值；

W_n——钢构件最不利截面的净截面模量；

γ——截面塑性发展系数。

（4）火灾下单轴受弯钢构件的稳定性应按下列公式验算：

$$\frac{M}{\varphi_{bT} W} \leqslant f_T \tag{2-18}$$

$$\varphi_{bT} = \begin{cases} \alpha_b \varphi_b & \alpha_b \varphi_b \leqslant 0.6 \\ 1.07 - \dfrac{0.282}{\alpha_b \varphi_b} \leqslant 1.0 & \alpha_b \varphi_b > 0.6 \end{cases} \tag{2-19}$$

式中　　M——火灾下构件的最大弯矩设计值；

　　　　W——按受压最大纤维确定的构件毛截面模量；

　　　φ_{bT}——高温下受弯钢构件的稳定系数；

　　　φ_b——常温下受弯钢构件的稳定系数，应按现行国家标准《钢结构设计规范》GB 50017 的规定确定；当 $\varphi_b > 0.6$ 时，φ_b 不作修正；

　　　α_b——高温下受弯钢构件的稳定验算参数。

（5）火灾下拉弯或压弯钢构件的强度应按下式验算：

$$\frac{N}{A_n} \pm \frac{M_x}{\gamma_x W_{nx}} \pm \frac{M_y}{\gamma_y W_{ny}} \leqslant f_T \tag{2-20}$$

式中　M_x、M_y——火灾下最不利截面处对应于强轴 x 轴和弱轴 y 轴的弯矩设计值；

　W_{nx}、W_{ny}——绕 x 轴和 y 轴的净截面模量；

　　γ_x、γ_y——绕强轴和弱轴弯曲的截面塑性发展系数。

（6）火灾下压弯钢构件绕强轴 x 轴弯曲和绕弱轴 y 轴弯曲时的稳定性应分别按下列公式验算：

$$\frac{N}{\varphi_{xT} A} + \frac{\beta_{mx} M_x}{\gamma_x W_x \ (1 - 0.8 N / N'_{ExT})} + \eta \frac{\beta_{ty} M_y}{\varphi_{byT} W_y} \leqslant f_T \tag{2-21}$$

$$N'_{ExT} = \pi^2 E_{sT} A / \ (1.1 \lambda_x^2) \tag{2-22}$$

$$\frac{N}{\varphi_{yT} A} + \eta \frac{\beta_{tx} M_x}{\varphi_{bxT} W_x} + \frac{\beta_{my} M_y}{\gamma_y W_y \ (1 - 0.8 N / N'_{EyT})} \leqslant f_T \tag{2-23}$$

$$N'_{EyT} = \pi^2 E_{sT} A / \ (1.1 \lambda_y^2) \tag{2-24}$$

式中　　　　　N——火灾下钢构件的轴向压力设计值；

　　　M_x、M_y——火灾下所计算钢构件段范围内对强轴和弱轴的最大弯矩设计值；

　　　　　　A——毛截面面积；

　　　W_y、W_y——对强轴和弱轴按其最大受压纤维确定的毛截面模量；

　N'_{ExT}、N'_{EyT}——高温下绕强轴和弱轴弯曲的参数；

　　　λ_x、λ_y——对强轴和弱轴的长细比；

　　φ_{xT}、φ_{yT}——高温下轴心受压钢构件对应于强轴和弱轴失稳的稳定系数，应按式（2-16）计算；

　φ_{bxT}、φ_{byT}——高温下均匀弯曲受弯钢构件对应于强轴和弱轴失稳的稳定系数，应按式（2-19）计算；

　　　　　　η——截面影响系数，对于闭口截面，取 0.7；对于其他截面，取 1.0；

　　β_{mx}、β_{my}——弯矩作用平面内的等效弯矩系数。

（7）火灾下受楼板侧向约束的钢框架梁的承载力可按下式验算：

$$M \leqslant f_T W_p \tag{2-25}$$

式中　M——火灾下钢框架梁上荷载产生的最大弯矩设计值，不考虑温度内力；

　　　W_p——钢框架梁截面的塑性截面模量。

（8）火灾下钢框架柱的承载力可按下式验算：

$$\frac{N}{\varphi_T A} \leqslant 0.7 f_T \tag{2-26}$$

式中　N——火灾下钢框架柱所受的轴压力设计值；

　　A——钢框架柱的毛截面面积；

　　φ_T——高温下轴心受压钢构件的稳定系数，应按式(2-16)计算，其中钢框架柱计算长度应按柱子长度确定。

4. 组合结构耐火验算与防火保护设计

(1) 钢管混凝土柱应根据其荷载比 R、火灾下的承载力系数 k_T 按下列规定采取防火保护措施。应符合下列规定：

1) 当 $R < 0.75k_T$ 时，可不采取防火保护措施；

2) 当 $R \geqslant 0.75k_T$ 时，应采取防火保护措施。

(2) 压型钢板组合楼板应按下列规定进行耐火验算与防火设计：

1) 不允许发生大挠度变形的组合楼板，标准火灾下的实际耐火时间 t_d 应按下式计算。当组合楼板的实际耐火时间 t_d 小于其设计耐火极限 t_m 时，组合楼板应采取防火保护措施；当组合楼板的实际耐火时间 t_d 大于或等于其设计耐火极限 t_m 时，可不采取防火保护措施。

$$t_d = 114.06 - 26.8\frac{M}{f_t W} \tag{2-27}$$

式中　t_d——无防火保护的组合楼板的设计耐火极限（min）；

　　M——火灾下单位宽度组合楼板的最大正弯矩设计值；

　　f_t——常温下混凝土的抗拉强度设计值；

　　W——常温下素混凝土板的截面正弯矩抵抗矩。

2) 允许发生大挠度变形的组合楼板的耐火验算可考虑组合楼板的薄膜效应。当火灾下组合楼板考虑薄膜效应时的承载力不满足下式时，组合楼板应采取防火保护措施；满足时，可不采取防火保护措施。

$$q_r \geqslant q \tag{2-28}$$

式中　q_r——火灾下组合楼板考虑薄膜效应时的承载力设计值（kN/m²）；

　　g——火灾下组合楼板的荷载设计值（kN/m²）。

(3) 火灾下钢与混凝土组合梁的荷载比 R，两端铰接时，应按式(2-29)计算；两端刚接时，应按式(2-30)计算：

$$R = \frac{M}{M^+} \tag{2-29}$$

$$R = \frac{M}{M^+ + M^-} \tag{2-30}$$

式中　M——火灾下组合梁的正弯矩设计值；

　　M^+——常温下组合梁的正弯矩承载力，应按现行国家标准《钢结构设计规范》GB 50017 的规定计算；

　　M^-——常温下组合梁的负弯矩承载力，可按钢梁的负弯矩承载力确定，不考虑混凝土楼板的作用。

5. 防火保护工程的施工与验收

(1) 钢结构防火保护工程的施工过程质量控制应符合下列规定：

1）采用的主要材料、半成品及成品应进行进场检查验收；凡涉及安全、功能的原材料、半成品及成品应按本规范和设计文件等的规定进行复验，并应经监理工程师检查认可；

2）各工序应按施工技术标准进行质量控制，每道工序完成后，经施工单位自检符合规定后，才可进行下道工序施工；

3）相关专业工种之间应进行交接检验，并应经监理工程师检查认可。

（2）钢结构防火保护检验批、分项工程质量验收的程序和组织，应符合现行国家标准《建筑工程施工质量验收统一标准》GB 50300 的规定：

1）检验批应由专业监理工程师组织施工单位项目专业质量检查员、专业工长等进行验收；

2）分项工程应由专业监理工程师组织施工单位项目专业技术负责人等进行验收。

（3）预应力钢结构、跨度大于或等于 60m 的大跨度钢结构、高度大于或等于 100m 的高层建筑钢结构所采用的防火涂料、防火板、毡状防火材料等防火保护材料，在材料进场后，应对其隔热性能进行见证检验。非膨胀型防火涂料和防火板、毡状防火材料等实测的等效热传导系数不应大于等效热传导系数的设计取值，其允许偏差为 +10%；膨胀型防火涂料实测的等效热阻不应小于等效热阻的设计取值，其允许偏差为 -10%。

（4）防火涂料的黏结强度、防火板的抗折强度应符合现行国家标准的规定，其允许偏差为 -10%。

（5）防火涂料涂装时的环境温度和相对湿度应符合涂料产品说明书的要求。当产品说明书无要求时，环境温度宜为 5℃～38℃，相对湿度不应大于 85%。涂装时，构件表面不应有结露，涂装后 4.0h 内应保护免受雨淋、水冲等，并应防止机械撞击。

（6）防火涂料的涂装遍数和每遍涂装的厚度均应符合产品说明书的要求。防火涂料涂层的厚度不得小于设计厚度。非膨胀型防火涂料涂层最薄处的厚度不得小于设计厚度的 85%；平均厚度的允许偏差应为设计厚度的 ±10%，且不应大于 ±2mm。膨胀型防火涂料涂层最薄处厚度的允许偏差应为设计厚度的 ±5%，且不应大于 ±0.2mm。

（7）膨胀型防火涂料涂层表面的裂纹宽度不应大于 0.5mm，且 1m 长度内均不得多于 1 条；当涂层厚度小于或等于 3mm 时，不应大于 0.1mm。非膨胀型防火涂料涂层表面的裂纹宽度不应大于 1mm，且 1m 长度内不得多于 3 条。

（8）防火板保护层的厚度不应小于设计厚度，其允许偏差应为设计厚度的 ±10%，且不应大于 ±2mm。

（9）防火板的安装龙骨、支撑固定件等应固定牢固、封闭良好，现场拉拔强度应符合设计要求，其允许偏差应为设计值的 -10%。

（10）柔性毡状材料防火保护层的厚度应符合设计要求。厚度允许偏差为 ±10%，且不应大于 ±3mm。

（11）柔性毡状材料防火保护层的厚度大于 100mm 时，应分层施工。

（12）混凝土保护层、砂浆保护层和砌体保护层的厚度不应小于设计厚度。混凝土保护层、砌体保护层的允许偏差为 ±10%，且不应大于 ±5mm。砂浆保护层的允许偏差为 ±10%，且不应大于 ±2mm。

（13）隐蔽工程验收项目应包括下列内容：

1）吊顶内、夹层内、井道内等隐蔽部位的防火保护；

2）防火板保护中龙骨、连接固定件的安装；

3）多层防火板、多层柔性毡状隔热材料保护中面层以下各层的安装；

4）复合防火保护中的基层防火保护。

（14）钢结构防火保护分项工程质量验收记录可按下列规定填写：

1）施工现场的质量管理检查记录可按本规范附录 E 的规定填写；

2）检验批质量验收记录可按本规范附录 F 的规定填写，填写时应具有现场验收检查原始记录。

（15）当钢结构防火保护分项工程施工质量不符合规定时，应按下列规定进行处理：

1）经返工重做的检验批，应重新进行验收；通过返修或重做仍不能满足结构防火要求的钢结构防火保护分项工程，严禁验收；

2）经有资质的检测单位检测鉴定能够达到设计要求的检验批，可视为合格；

3）经有资质的检测单位检测鉴定达不到设计要求，但经原设计单位核算认可能够满足结构防火要求的检验批，可视为合格。

第 4 节 装饰装修工程及室内环境控制

2.4.1 《建筑装饰装修工程质量验收标准》GB 50210—2018

1. 设计规定

（1）承担建筑装饰装修工程设计的单位应对建筑物进行了解和实地勘察，设计深度应满足施工要求。由施工单位完成的深化设计应经建筑装饰装修设计单位确认。

（2）既有建筑装饰装修工程设计涉及主体和承重结构变动时，必须在施工前委托原结构设计单位或者具有相应资质条件的设计单位提出设计方案，或由检测鉴定单位对建筑结构的安全性进行鉴定。

2. 材料质量要求

（1）建筑装饰装修工程采用的材料、构配件应按进场批次进行检验。属于同一工程项目且同期施工的多个单位工程，对同一厂家生产的同批材料、构配件、器具及半成品，可统一划分检验批对品种、规格、外观和尺寸等进行验收，包装应完好，并应有产品合格证书、中文说明书及性能检验报告，进口产品应按规定进行商品检验。

（2）进场后需要进行复验的材料种类及项目应符合本标准各章的规定，同一厂家生产的同一品种、同一类型的进场材料应至少抽取一组样品进行复验，当合同另有更高要求时应按合同执行。抽样样本应随机抽取，满足分布均匀、具有代表性的要求，获得认证的产品或来源稳定且连续三批均一次检验合格的产品，进场验收时检验批的容量可扩大一倍，且仅可扩大一次。扩大检验批后的检验中，出现不合格情况时，应按扩大前的检验批容量重新验收，且该产品不得再次扩大检验批容量。

3. 施工技术要求

（1）建筑装饰装修工程施工中，不得违反设计文件擅自改动建筑主体、承重结构或主要使用功能。

（2）未经设计确认和有关部门批准，不得擅自拆改主体结构和水、暖、电、燃气、通信等配套设施。

（3）建筑装饰装修工程应在基体或基层的质量验收合格后施工。对既有建筑进行装饰装修前，应对基层进行处理。

（4）管道、设备安装及调试应在建筑装饰装修工程施工前完成；当必须同步进行时，应在饰面层施工前完成。装饰装修工程不得影响管道、设备等的使用和维修。涉及燃气管道和电气工程的建筑装饰装修工程施工应符合有关安全管理的规定。

4. 一般抹灰

（1）一般抹灰包括水泥砂浆、水泥混合砂浆、聚合物水泥砂浆和粉刷石膏等抹灰。

（2）保温层薄抹灰包括保温层外面聚合物砂浆薄抹灰。

（3）装饰抹灰包括水刷石、斩假石、干粘石和假面砖等装饰抹灰。

（4）清水砌体勾缝包括清水砌体砂浆勾缝和原浆勾缝。

5. 外墙防水工程

（1）外墙防水工程应对下列隐蔽工程项目进行验收：

1）外墙不同结构材料交接处的增强处理措施的节点；

2）防水层在变形缝、门窗洞口、穿外墙管道、预埋件及收头等部位的节点；

3）防水层的搭接宽度及附加层。

（2）防水透气膜的搭接缝应粘结牢固、密封严密；收头应与基层粘结固定牢固，缝口应严密，不得有翘边现象。

6. 门窗工程

（1）门窗安装前，应对门窗洞口尺寸及相邻洞口的位置偏差进行检验。

（2）门窗工程应对下列材料及其性能指标进行复验：

1）人造木板门的甲醛释放量；

2）建筑外窗的气密性能、水密性能和抗风压性能。

（3）门窗工程应对下列隐蔽工程项目进行验收：

1）预埋件和锚固件；

2）隐蔽部位的防腐和填嵌处理；

3）高层金属窗防雷连接节点。

（4）门窗工程验收时应检查下列文件和记录：

1）门窗工程的施工图、设计说明及其他设计文件；

2）材料的产品合格证书、性能检验报告、进场验收记录和复验报告；

3）特种门及其配件的生产许可文件；

4）隐蔽工程验收记录；

5）施工记录。

7. 吊顶工程

（1）吊顶工程应对人造木板的甲醛释放量进行复验。

（2）吊顶工程应对下列隐蔽工程项目进行验收：

1）吊顶内管道、设备的安装及水管试压、风管严密性检验；

2）木龙骨防火、防腐处理；

3）埋件；

4）吊杆安装；

5）龙骨安装；

6）填充材料的设置；

7）反支撑及钢结构转换层。

（3）重型设备和有振动荷载的设备严禁安装在吊顶工程的龙骨上。

金属吊杆和龙骨应经过表面防腐处理；木龙骨应进行防腐、防火处理。

（4）吊顶工程验收时应检查下列文件和记录：

1）吊顶工程的施工图、设计说明及其他设计文件；

2）材料的产品合格证书、性能检验报告、进场验收记录和复验报告；

3）隐蔽工程验收记录；

4）施工记录。

8. 轻质隔墙工程

（1）轻质隔墙工程应对下列隐蔽工程项目进行验收：

1）骨架隔墙中设备管线的安装及水管试压；

2）木龙骨防火和防腐处理；

3）预埋件或拉结筋；

4）龙骨安装；

5）填充材料的设置。

（2）轻质隔墙工程验收时应检查下列文件和记录：

1）轻质隔墙工程的施工图、设计说明及其他设计文件；

2）材料的产品合格证书、性能检验报告、进场验收记录和复验报告；

3）隐蔽工程验收记录；

4）施工记录。

9. 饰面板工程

（1）饰面板工程应对下列材料及其性能指标进行复验：

1）室内用花岗石板的放射性、室内用人造木板的甲醛释放量；

2）水泥基粘结料的粘结强度；

3）外墙陶瓷板的吸水率；

4）严寒和寒冷地区外墙陶瓷板的抗冻性。

（2）饰面板工程应对下列隐蔽工程项目进行验收：

1）预埋件（或后置埋件）；

2）龙骨安装；

3）连接节点；

4）防水、保温、防火节点；

5）外墙金属板防雷连接节点。

10. 饰面砖工程

（1）饰面砖工程应对下列材料及其性能指标进行复验：

1）室内用花岗石和瓷质饰面砖的放射性；

2）水泥基粘结材料与所用外墙饰面砖的拉伸粘结强度；

3）外墙陶瓷饰面砖的吸水率；

4）严寒及寒冷地区外墙陶瓷饰面砖的抗冻性。

（2）饰面砖工程应对下列隐蔽工程项目进行验收：

1）基层和基体；

2）防水层。

（3）饰面砖工程的防震缝、伸缩缝、沉降缝等部位的处理应保证缝的使用功能和饰面的完整性。

11. 幕墙工程

（1）幕墙工程应对下列材料及其性能指标进行复验：

1）铝塑复合板的剥离强度；

2）石材、瓷板、陶板、微晶玻璃板、木纤维板、纤维水泥板和石材蜂窝板的抗弯强度；严寒、寒冷地区石材、瓷板、陶板、纤维水泥板和石材蜂窝板的抗冻性；室内用花岗石的放射性；

3）幕墙用结构胶的邵氏硬度、标准条件拉伸粘结强度、相容性试验、剥离粘结性试验；石材用密封胶的污染性；

4）中空玻璃的密封性能；

5）防火、保温材料的燃烧性能；

6）铝材、钢材主受力杆件的抗拉强度。

（2）幕墙工程应对下列隐蔽工程项目进行验收：

1）预埋件或后置埋件、锚栓及连接件；

2）构件的连接节点；

3）幕墙四周、幕墙内表面与主体结构之间的封堵；

4）伸缩缝、沉降缝、防震缝及墙面转角节点；

5）隐框玻璃板块的固定；

6）幕墙防雷连接节点；

7）幕墙防火、隔烟节点；

8）单元式幕墙的封口节点。

（3）幕墙及其连接件应具有足够的承载力、刚度和相对于主体结构的位移能力。当幕墙构架立柱的连接金属角码与其他连接件采用螺栓连接时，应有防松动措施。

12. 涂饰工程

（1）涂饰工程施工时应对与涂层衔接的其他装修材料、邻近的设备等采取有效的保护措施，以避免由涂料造成的沾污。

（2）涂饰工程验收时应检查下列文件和记录：

1）涂饰工程的施工图、设计说明及其他设计文件；

2）材料的产品合格证书、性能检验报告、有害物质限量检验报告和进场验收记录；

3）施工记录。

13. 裱糊与软包工程

（1）软包工程应对木材的含水率及人造木板的甲醛释放量进行复验。

（2）裱糊与软包工程验收时应检查下列资料：

1）裱糊与软包工程的施工图、设计说明及其他设计文件；

2）饰面材料的样板及确认文件；

3）材料的产品合格证书、性能检验报告、进场验收记录和复验报告；

4）饰面材料及封闭底漆、胶粘剂、涂料的有害物质限量检验报告；

5）隐蔽工程验收记录；

6）施工记录。

14. 分部工程质量验收

（1）建筑装饰装修工程的子分部工程、分项工程应按表 2-12 划分。

建筑装饰装修工程的子分部工程、分项工程划分　　　　　表 2-12

项次	子分部工程	分项工程
1	抹灰工程	一般抹灰,保温层薄抹灰,装饰抹灰,清水砌体勾缝
2	外墙防水工程	外墙砂浆防水、涂膜防水、透气膜防水
3	门窗工程	木门窗安装,金属门窗安装,塑料门窗安装,特种门安装,门窗玻璃安装
4	吊顶工程	整体面层吊顶,板块面层吊顶,格栅吊顶
5	轻质隔墙工程	板材隔墙,骨架隔墙,活动隔墙,玻璃隔墙
6	饰面板工程	石板安装,陶瓷板安装,木板安装,金属板安装,塑料板安装
7	饰面砖工程	外墙饰面砖粘贴,内墙饰面砖粘贴
8	幕墙工程	玻璃幕墙安装,金属幕墙安装,石材幕墙安装,人造板材幕墙安装
9	涂饰工程	水性涂料涂饰,溶剂型涂料涂饰,美术涂饰
10	裱糊与软包工程	裱糊,软包
11	细部工程	橱柜制作与安装,窗帘盒和窗台板制作与安装,门窗套制作与安装,护栏和扶手制作与安装,花饰制作与安装
12	建筑地面工程	基层铺设,整体面层铺设,板块面层铺设,木、竹面层铺设

当建筑工程只有装饰装修分部工程时，该工程应作为单位工程验收。

（2）子分部工程中各分项工程的质量均应验收合格，并应符合下列规定：

1）应具备本标准各子分部工程规定检查的文件和记录；

2）应具备表 2-13 所规定的有关安全和功能检验项目的合格报告；

3）观感质量应符合本标准各分项工程中一般项目的要求。

有关安全和功能的检验项目表　　　　　表 2-13

项次	子分部工程	检验项目
1	门窗工程	建筑外窗的气密性能、水密性能和抗风压性能
2	饰面板工程	饰面板后置埋件的现场拉拔力
3	饰面砖工程	外墙饰面砖样板及工程的饰面砖粘结强度
4	幕墙工程	1. 硅酮结构胶的相容性和剥离粘结性； 2. 幕墙后置埋件和槽式预埋件的现场拉拔力； 3. 幕墙的气密性、水密性、耐风压性能及层间变形性能

2.4.2 《建筑内部装修设计防火规范》GB 50222—2017

1. 民用建筑及工业建筑中的特别场所的防火规定

（1）建筑内部装修不应擅自减少、改动、拆除、遮挡消防设施、疏散指示标志、安全出口、疏散出口、疏散走道和防火分区、防烟分区等。

建筑内部装修设计应积极采用不燃性材料和难燃性材料，避免采用燃烧时产生大量浓烟或有毒气体的材料，做到安全适用、技术先进、经济合理。

（2）建筑内部消火栓箱门不应被装饰物遮掩，消火栓箱门四周的装修材料颜色应与消火栓箱门的颜色有明显区别或在消火栓箱门表面设置发光标志。

（3）疏散走道和安全出口的顶棚、墙面不应采用影响人员安全疏散的镜面反光材料。

（4）地上建筑的水平疏散走道和安全出口的门厅，其顶棚应采用 A 级装修材料，其他部位应采用不低于 B$_1$ 级的装修材料；地下民用建筑的疏散走道和安全出口的门厅，其顶棚、墙面和地面均应采用 A 级装修材料。

（5）疏散楼梯间和前室的顶棚、墙面和地面均应采用 A 级装修材料。

（6）建筑物内设有上下层相连通的中庭、走马廊、开敞楼梯、自动扶梯时，其连通部位的顶棚、墙面应采用 A 级装修材料，其他部位应采用不低于 B$_1$ 级的装修材料。

（7）建筑内部变形缝（包括沉降缝、伸缩缝、抗震缝等）两侧基层的表面装修应采用不低于 B1 级的装修材料。

（8）经常使用明火器具的餐厅、科研试验室、无窗房间内部装修材料的燃烧性能等级除 A 级外，应在表 2-14～表 2-18 规定的基础上提高一级。

（9）消防水泵房、机械加压送风排烟机房、固定灭火系统钢瓶间、配电室、变压器室、发电机房、储油间、通风和空调机房等，其内部所有装修均应采用 A 级装修材料。

（10）消防控制室等重要房间，其顶棚和墙面应采用 A 级装修材料，地面及其他装修应采用不低于 B$_1$ 级的装修材料。

（11）建筑物内的厨房，其顶棚、墙面、地面均应采用 A 级装修材料。

（12）民用建筑内的库房或贮藏间，其内部所有装修除应符合相应场所规定外，且应采用不低于 B$_1$ 级的装修材料。

（13）展览性场所装修设计应符合下列规定：

1）展台材料应采用不低于 B$_1$ 级的装修材料；

2）在展厅设置电加热设备的餐饮操作区内，与电加热设备贴邻的墙面、操作台均应采用 A 级装修材料；

3）展台与卤钨灯等高温照明灯具贴邻部位的材料应采用 A 级装修材料。

（14）住宅建筑装修设计尚应符合下列规定：

1）不应改动住宅内部烟道、风道；

2）厨房内的固定橱柜宜采用不低于 B$_1$ 级的装修材料；

3）卫生间顶棚宜采用 A 级装修材料；

4）阳台装修宜采用不低于 B$_1$ 级的装修材料。

（15）照明灯具及电气设备、线路的高温部位，当靠近非 A 级装修材料或构件时，应采取隔热、散热等防火保护措施，与窗帘、帷幕、幕布、软包等装修材料的距离不应小于 500mm；灯饰应采用不低于 B$_1$ 级的材料。

（16）建筑内部的配电箱、控制面板、接线盒、开关、插座等不应直接安装在低于 B$_1$ 级的装修材料上；用于顶棚和墙面装修的木质类板材，当内部含有电器、电线等物体时，应采用不低于 B$_1$ 级的材料。

（17）当室内顶棚、墙面、地面和隔断装修材料内部安装电加热供暖系统时，室内采用的装修材料和绝热材料的燃烧性能等级应为 A 级。当室内顶棚、墙面、地面和隔断装修材料内部安装水暖（或蒸汽）供暖系统时，其顶棚采用的装修材料和绝热材料的燃烧性能应为 A 级，其他部位的装修材料和绝热材料的燃烧性能不应低于 B_1 级，且尚应符合本规范有关公共场所的规定。

（18）建筑内部不宜设置采用 B_3 级装饰材料制成的壁挂、布艺等，当需要设置时，不应靠近电气线路、火源或热源，或采取隔离措施。

2. 补充、调整了民用建筑及场所的装修防火要求，新增了展览性场所装修防火要求

（1）单层、多层民用建筑内部各部位装修材料的燃烧性能等级，不应低于本规范表 2-14 的规定。

单层、多层民用建筑内部各部位装修材料的燃烧性能等级　　　　表 2-14

序号	建筑物与场所	建筑规模、性质	装修材料燃烧性能等级							
			顶棚	墙面	地面	隔断	固定家具	窗帘	帷幕	其他装饰装修材料
1	候机楼的候机大厅、贵宾候机室、售票厅、商店、餐饮场所等	—	A	A	B_1	B_1	B_1	B_1	—	B_1
2	汽车站、火车站、轮船客运站的候车（船）室、商店、餐饮场所等	建筑面积＞10000m²	A	A	B_1	B_1	B_1	B_1	—	B_2
		建筑面积≤10000m²	A	B_1	B_1	B_1	B_1	B_1	—	B_2
3	观众厅、会议厅、多功能厅、等候厅等	每个厅建筑面积＞400m²	A	A	B_1	B_1	B_1	B_1	B_1	B_1
		每个厅建筑面积≤400m²	A	B_1	B_1	B_1	B_2	B_1	B_1	B_2
4	体育馆	＞3000 座位	A	A	B_1	B_1	B_1	B_1	B_1	B_2
		≤3000 座位	A	B_1	B_1	B_1	B_2	B_2	B_1	B_2
5	商店的营业厅	每层建筑面积＞1500m² 或总建筑面积＞3000m²	A	B_1	B_1	B_1	B_1	B_1	—	B_2
		每层建筑面积≤1500m² 或总建筑面积≤3000m²	A	B_1	B_1	B_1	B_2	B_1	—	—
6	宾馆、饭店的客房及公共活动用房等	设置送回风道（管）的集中空气调节系统	A	B_1	B_1	B_1	B_2	B_1	—	B_2
		其他	B_1	B_1	B_2	B_2	B_2	B_2	—	B_2
7	养老院、托儿所、幼儿园的居住及活动场所	—	A	A	B_1	B_1	B_2	B_1	—	B_2
8	医院的病房区、诊疗区、手术区	—	A	A	B_1	B_1	B_2	B_1	—	B_2
9	教学场所、教学实验场所	—	A	B_1	B_2	B_2	B_2	B_2	B_2	B_2
10	纪念馆、展览馆、博物馆、图书馆、档案室、资料馆等公共活动场所	—	A	B_1	B_1	B_1	B_2	B_1	—	B_2
11	存放文物、纪念展览物品、重要图书、档案、资料的场所	—	A	A	B_1	B_1	B_2	B_1	—	B_2
12	歌舞娱乐游艺场所	—	A	B_1	B_1	B_1	B_1	B_1	B_1	B_1
13	A、B级电子信息系统机房及装有重要机器、仪器的房间	—	A	A	B_1	B_1	B_1	B_1	B_1	B_1

续表

序号	建筑物与场所	建筑规模、性质	装修材料燃烧性能等级							
			顶棚	墙面	地面	隔断	固定家具	装饰织物		其他装饰装修材料
								窗帘	帷幕	
14	餐饮场所	营业面积>100m²	A	B_1	B_1	B_1	B_2	B_1	—	B_2
		营业面积≤100m²	B_1	B_1	B_1	B_2	B_1	B_2	—	B_2
15	办公场所	设置送回风道(管)的集中空气调节系统	A	B_1	B_1	B_1	B_2	B_1	—	B_2
		其他	B_1	B_1	B_2	B_2	B_2	B_1	—	B_2
16	其他公共场所	—	B_1	B_1	B_2	B_2	B_2	B_1	—	B_2
17	住宅		B_1	B_1	B_1	B_1	B_2	B_2	—	B_2

（2）除表 2-14 中序号为 11～13 规定的部位外，单层、多层民用建筑内面积小于 100m² 的房间，当采用耐火极限不低于 2.00h 的防火隔墙和甲级防火门、窗与其他部位分隔时，其装修材料的燃烧性能等级可在本规范表 2-14 的基础上降低一级。

（3）除表 2-14 中序号为 11～13 规定的部位外，当单层、多层民用建筑需做内部装修的空间内装有自动灭火系统时，除顶棚外，其内部装修材料的燃烧性能等级可在本规范表 2-14 规定的基础上降低一级；当同时装有火灾自动报警装置和自动灭火系统时，其装修材料的燃烧性能等级可在本规范表 2-14 规定的基础上降低一级。

（4）高层民用建筑内部各部位装修材料的燃烧性能等级，不应低于本规范表 2-15 的规定。

高层民用建筑内部各部位装修材料的燃烧性能等级   表 2-15

序号	建筑物与场所	建筑规模、性质	装修材料燃烧性能等级									
			顶棚	墙面	地面	隔断	固定家具	装饰织物				其他装饰装修材料
								窗帘	帷幕	床罩	家具包布	
1	候机楼的候机大厅、贵宾候机室、售票厅、商店、餐饮场所等	—	A	A	B_1	B_1	B_1	B_1	—	—	—	B_1
2	汽车站、火车站、轮船客运站的候车(船)室、商店、餐饮场所等	建筑面积>10000m²	A	A	B_1	B_1	B_1	B_1	—	—	—	B_2
		建筑面积≤10000m²	A	B_1	B_1	B_1	B_1	B_1	—	—	—	B_2
3	观众厅、会议厅、多功能厅、等候厅等	每个厅建筑面积>400m²	A	A	B_1	B_1	B_1	B_1	B_1	—	B_1	B_1
		每个厅建筑面积≤400m²	A	B_1	B_1	B_2	B_1	B_1	B_1	—	B_1	B_1
4	商店的营业厅	每层建筑面积>1500m² 或总建筑面积>3000m²	A	B_1	B_1	B_1	B_1	B_1	—	—	B_2	B_1
		每层建筑面积≤1500m² 或总建筑面积≤3000m²	A	B_1	B_1	B_1	B_1	B_2	—	—	B_2	B_2

续表

序号	建筑物与场所	建筑规模、性质	装修材料燃烧性能等级									
			顶棚	墙面	地面	隔断	固定家具	装饰织物				其他装饰装修材料
								窗帘	帷幕	床罩	家具包布	
5	宾馆、饭店的客房及公共活动用房等	一类建筑	A	B₁	B₁	B₁	B₂	B₁	—	B₁	B₂	B₁
		二类建筑	A	B₁	B₁	B₁	B₂	B₁	—	B₂	B₁	B₂
6	养老院、托儿所、幼儿园的居住及活动场所	—	A	A	B₁	B₁	B₂	B₁	—	B₂	B₂	B₁
7	医院的病房区、诊疗区、手术区	—	A	A	B₁	B₁	B₂	B₁	—	B₂	B₂	B₁
8	教学场所、教学实验场所	—	A	B₁	B₂	B₂	B₂	B₂	—	B₂	B₂	B₂
9	纪念馆、展览馆、博物馆、图书馆、档案室、资料馆等公共活动场所	一类建筑	A	B₁	B₁	B₁	B₂	B₁	—	B₁	B₂	B₁
		二类建筑	A	B₁	B₂	B₂	B₂	B₂	—	B₂	B₂	B₂
10	存放文物、纪念展览物品、重要图书、档案、资料的场所	—	A	A	B₁	B₁	B₂	B₁	—		B₁	B₂
11	歌舞娱乐游艺场所	—	A	B₁	B₁	B₁	B₁	B₁	B₁	B₁	B₁	B₁
12	A、B级电子信息系统机房及装有重要机器、仪器的房间	—	A	A	B₁	B₁	B₁	B₁	—	B₁	B₁	B₁
13	餐饮场所	—	A	B₁	B₁	B₁	B₂	B₁	—		B₁	B₂
14	办公场所	一类建筑	A	B₁	B₁	B₁	B₂	B₁	—	B₁	B₁	B₁
		二类建筑	A	B₁	B₂	B₂	B₂	B₂	—	B₂	B₂	B₂
15	电信楼、财贸金融楼、邮政楼、广播电视楼、电力调度楼、防灾指挥调度楼	一类建筑	A	A	B₁	B₁	B₁	B₁	—	B₁	B₁	B₁
		二类建筑	A	B₁	B₁	B₁	B₂	B₁	—	B₂	B₂	B₂
16	其他公共场所	—	A	B₁	B₁	B₂	B₂	B₂	B₂	B₂	B₂	B₂
17	住宅	—	A	B₁	B₁	B₁	B₁	B₁	—	B₁	B₂	B₁

（5）除表 2-15 中序号为 10～12 规定的部位外，高层民用建筑的裙房内面积小于 500m² 的房间，当设有自动灭火系统，并且采用耐火极限不低于 2.00h 的防火隔墙和甲级防火门、窗与其他部位分隔时，顶棚、墙面、地面装修材料的燃烧性能等级可在本规范表 2-15 规定的基础上降低一级。

（6）除表 2-15 中序号为 10～12 规定的部位外，以及大于 400m² 的观众厅、会议厅和 100m 以上的高层民用建筑外，当设有火灾自动报警装置和自动灭火系统时，除顶棚外，其内部装修材料的燃烧性能等级可在本规范表 2-15 规定的基础上降低一级。

（7）电视塔等特殊高层建筑的内部装修，装饰织物应采用不低于 B₁ 级的材料，其他均应采用 A 级装修材料。

（8）地下民用建筑内部各部位装修材料的燃烧性能等级，不应低于本规范表 2-16 的规定。

地下民用建筑内部各部位装修材料的燃烧性能等级　　　　表 2-16

序号	建筑物与场所	装修材料燃烧性能等级						
		顶棚	墙面	地面	隔断	固定家具	装饰织物	其他装饰装修材料
1	观众厅、会议厅、多功能厅、等候厅等,商店的营业厅	A	A	A	B_1	B_1	B_1	B_2
2	宾馆、饭店的客房及公共活动用房等	A	B_1	B_1	B_1	B_1	B_1	B_2
3	医院的诊疗区、手术区	A	A	B_1	B_1	B_1	B_1	B_2
4	教学场所、教学实验场地	A	A	A	B_1	B_1	B_1	B_1
5	纪念馆、展览馆、博物馆、图书馆、档案馆、资料馆等的公共活动场所	A	A	B_1	B_1	B_1	B_1	B_1
6	存放文物、纪念展览物品、重要图书、档案、资料的场所	A	A	A	A	A	B_1	B_1
7	歌舞娱乐游艺场所	A	A	B_1	B_1	B_1	B_1	B_1
8	A、B 级电子信息系统机房及装有重要机器、仪器的房间	A	A	B_1	B_1	B_1	B_1	B_1
9	餐饮场所	A	A	A	B_1	B_1	B_1	B_2
10	办公场所	A	B_1	B_1	B_1	B_1	B_2	B_2
11	其他公共场所	A	B_1	B_1	B_2	B_2	B_2	B_2
12	汽车库、修车库	A	A	B_1	A	A	—	—

注：地下民用建筑系指单层、多层、高层民用建筑的地下部分，单独建造在地下的民用建筑以及平战结合的地下人防工程。

（9）除表 2-16 中序号为 6～8 规定的部位外，单独建造的地下民用建筑的地上部分，其门厅、休息室、办公室等内部装修材料的燃烧性能等级可在本规范表 2-16 的基础上降低一级。

3. 新增了仓库装修防火要求

（1）厂房内部各部位装修材料的燃烧性能等级，不应低于本规范表 2-17 的规定。

厂房内部各部位装修材料的燃烧性能等级　　　　表 2-17

序号	仓库及车间的火灾危险性和性质	建筑规模	装修材料燃烧性能等级						
			顶棚	墙面	地面	隔断	固定家具	装饰织物	其他装饰装修材料
1	甲乙类仓库	—	A	A	A	A	A	B_1	B_1
2	劳动密集型丙类生产车间或厂房火灾荷载较高的丙类生产车间或厂房洁净车间	单层/多层	A	A	B_1	B_1	B_1	B_2	B_2
		高层	A	A	A	B_1	B_1	B_1	B_1
3	其他丙类生产车间或厂房	单层/多层	A	B_1	B_2	B_2	B_2	B_2	B_2
		高层	A	B_1	B_1	B_1	B_1	B_1	B_1

续表

序号	仓库及车间的火灾危险性和性质	建筑规模	装修材料燃烧性能等级						
			顶棚	墙面	地面	隔断	固定家具	装饰织物	其他装饰装修材料
4	丙类厂房	地下	A	A	A	B_1	B_1	B_1	B_1
5	无明火的丁类厂房戊类厂房	单层/多层	B_1	B_2	B_2	B_2	B_2	B_2	B_2
		高层	B_1	B_1	B_1	B_2	B_1	B_1	B_1
		地下	A	A	B_1	B_1	B_1	B_1	B_1

（2）当单层、多层丙、丁、戊类厂房内同时设有火灾自动报警和自动灭火系统时，除顶棚外，其装修材料的燃烧性能等级可在本规范表 2-17 规定的基础上降低一级。

（3）当厂房的地面为架空地板时，其地面应采用不低于 B_1 级的装修材料。

（4）附设在工业建筑内的办公、研发、餐厅等辅助用房，当采用现行国家标准《建筑设计防火规范》GB 50016 规定的防火分隔和疏散设施时，其内部装修材料的燃烧性能等级可按民用建筑的规定执行。

（5）仓库内部各部位装修材料的燃烧性能等级，不应低于本规范表 2-18 的规定。

仓库内部各部位装修材料的燃烧性能等级   表 2-18

序号	仓库类别	建筑规模	装修材料燃烧性能等级			
			顶棚	墙面	地面	隔断
1	甲乙类仓库	—	A	A	A	A
2	丙类仓库	单层及多层仓库	A	B_1	B_1	B_1
		高层及地下仓库	A	A	A	A
		高架仓库	A	A	A	A
3	丁、戊类仓库	单层及多层仓库	A	B_1	B_1	B_1
		高层及地下仓库	A	A	A	B_1

2.4.3 《住宅建筑室内装修污染控制技术标准［含光盘］》JGJ/T 436—2018

1. 基本规定

（1）住宅装饰装修可分为专业施工单位承建的装饰装修工程阶段和工程完成后业主自行添置活动家具阶段。

（2）装饰装修工程应在合同中明确室内空气质量控制等级和验收要求，并应将其作为交付验收的依据。

（3）室内装饰装修工程应进行污染物控制设计，在施工阶段应按设计要求进行材料采购与施工。

（4）空调、消防等其他专业工程应选用符合环保要求的材料，且不应对室内空气质量产生不利影响。

（5）本标准控制的室内空气污染物应主要包括甲醛、苯、甲苯、二甲苯、总挥发性有机化合物（简称 TVOC）。

（6）室内空气污染物浓度应分为Ⅰ级、Ⅱ级、Ⅲ级，各污染物浓度对应的等级应符合表 2-19 的规定。室内空气质量应按污染物中最差的等级进行评定。

污染物浓度分级　　　　　　　　　表 2-19

污染物	浓度		
	Ⅰ级	Ⅱ级	Ⅲ级
甲醛	C≤0.03	0.03＜C≤0.05	0.05＜C≤0.08
苯	C≤0.02	0.02＜C≤0.05	0.02＜C≤0.09
甲苯	C≤0.10	0.10＜C≤0.15	0.15＜C≤0.20
二甲苯	C≤0.10	0.10＜C≤0.15	0.15＜C≤0.20
TVOC	C≤0.20	0.20＜C≤0.35	0.35＜C≤0.50

（7）室内空气质量控制应符合下列规定：

1）室内空气污染物浓度不应高于Ⅲ级的限量；

2）不含活动家具的装饰装修工程室内空气污染物浓度不应高于Ⅱ级限量。

（8）材料污染物释放应以 168h 对应的污染物释放率进行分级。

（9）材料的甲醛、苯、甲苯、二甲苯、TVOC 释放率应符合国家现行相关标准的规定，合格产品的污染物释放率及对应等级的确定应符合表 2-20 的规定。

材料污染物释放率等级及限量[mg/(m² · h)]　　　　表 2-20

等级 污染物	F1	F2	F3	F4
甲醛	E≤0.01	0.01＜E≤0.03	0.03＜E≤0.06	0.06＜E≤0.12
苯	E≤0.01	0.01＜E≤0.03	0.03＜E≤0.06	0.06＜E≤0.12
甲苯	E≤0.01	0.01＜E≤0.05	0.05＜E≤0.10	0.10＜E≤0.20
二甲苯	E≤0.01	0.01＜E≤0.05	0.05＜E≤0.10	0.10＜E≤0.20
TVOC	E≤0.04	0.04＜E≤0.20	0.20＜E≤0.40	0.40＜E≤0.80

（10）材料的型式检验报告、进场复检报告应包括污染物释放率检测结果，不同材料对应的污染物检测参数应符合表 2-21 的规定。

材料应控制释放率的污染物　　　　　　　　　表 2-21

污染物 类型	甲醛	苯	甲苯	二甲苯	TVOC
木地板	●○	—	—	—	●○
人造板及饰面人造板	●○	—	—	—	●○
木制家具	●○	●	●	●	●
卷材地板	—	—	—	—	●○
墙纸	●○	—	—	—	●○
地毯	●○	●	●	●	●
水性涂料	●○	—	—	—	●○
溶剂型涂料	—	●	●	●	●○
水性胶粘剂	●○	●	●	●	●○
溶剂型胶粘剂	—	●	●	●	●○

注：1.●表示型式检验项目；2.○表示进场复检项目；3.—表示不需要。

2. 污染物控制设计

（1）室内装饰装修设计时应采用规定指标法或性能指标法对主要材料污染物释放率进行控制设计。

（2）当室内空气质量要求为Ⅰ级时，应采用性能指标法进行污染物控制设计；当室内空气质量要求为Ⅱ级或Ⅲ级时，可采用规定指标法或性能指标法进行污染物控制设计。

（3）当出现下列条件之一时，应采用性能指标法进行污染物控制设计：

1）室内换气次数小于 0.45 次/h；

2）选用材料的污染物释放率不满足规定指标要求时。

（4）用于污染物控制设计的材料用量计算应符合下列规定：

1）板材、卷材、墙纸、地毯、家具用量应按暴露在空气中的面积计；

2）涂料用量应按涂覆面积计；

3）墙纸胶粘剂用量应按墙纸面积 50%计；

4）地毯胶粘剂用量应按地毯面积 30%计。

3. 施工阶段污染物控制

（1）施工阶段应按设计文件要求进行施工。当需变更时，应按规定程序办理设计变更，并应重新进行污染物控制设计。

（2）施工组织方案中应包括装修施工污染控制的内容。

（3）现场施工应符合职业卫生的要求。

（4）装饰装修工程施工辅助材料中墙体用底漆、防腐涂料、防锈涂料、防水涂料、阻燃剂（含防火涂料）、木器涂料、腻子和填缝剂的有害物限量应符合表 2-22 的规定。

施工辅助用涂料有害物限量　　　　　　　　　　　　　表 2-22

材料种类 指标 污染物参数	内墙底漆	防腐涂料、防锈涂料、防水涂料、 阻燃剂（含防火涂料）、木器涂料	腻子、填缝剂
总挥发性有机物	≤50g/L	≤120g/L	≤10g/kg
苯、甲苯、二甲苯、 乙苯总和（mg/kg）		≤100	
游离甲醛（mg/kg）	≤50	≤100	≤50

注：水泥基类填缝剂无须按此表控制有害物。

（5）装饰装修工程施工辅助材料中胶粘剂有害物限量应符合表 2-23 的规定。

施工辅助用胶粘剂有害物限量　　　　　　　　　　　　表 2-23

材料种类 指标 污染物参数	氯丁橡胶 胶粘剂	SBS 胶粘剂	缩甲醛类 胶粘剂	聚乙酸 乙烯酯 胶粘剂	非氯丁与 SBS的橡 胶胶粘剂	聚氯类 胶粘剂	其他 胶粘剂
游离甲醛（mg/kg）	≤0.50	≤0.50	≤1.0	≤1.0	≤1.0	—	≤1.0
苯（g/kg）				≤0.20			
甲苯+二甲苯（g/kg）				≤10			
总挥发性有机物（g/L）	≤250	≤250	≤350	≤110	≤250	≤100	≤350

（6）工程使用的主要材料应按污染物控制设计要求进行采购。

（7）材料进场时，应对主要材料的污染物释放率检测报告进行复核，材料应满足设计和采购合同要求；应对辅助材料有害物含量检测报告进行复核。

（8）当装修材料使用面积大于 500m² 时，应按本标准表 3.3.3 的规定进行抽检复验。

（9）当工程中所用材料抽检复验指标不满足控制要求时，宜采用性能指标法进行设计调整，若调整仍不满足室内空气质量控制要求，该批材料不得用于工程。

（10）室内装修施工材料使用应符合下列规定：

1）木地板及其他木质材料不得采用沥青、煤焦油类作为防腐、防潮处理剂；

2）不得使用以甲醛作为原料的胶粘剂；

3）不得采用溶剂型涂料如光油作为防潮基层材料。

（11）室内装饰装修施工时，不应使用苯、甲苯、二甲苯及汽油进行除油和清除旧油漆作业。

4. 室内空气质量检测与验收

（1）室内装饰装修工程的室内空气质量检测宜在工程完工 7d 后进行。

（2）室内空气污染物浓度的验收应抽检工程有代表性的房间，抽检比例应符合下列规定：

1）无样板间的项目，抽检套数不得少于住宅套数的 5%，且小应少于 3 套；当套数少于 3 套时，应全数抽检；

2）有样板间的项目，且室内空气污染物浓度检测结果符合控制要求时，抽检量可减半，但不应少于 3 套；当套数少于 3 套时，应全数抽检。

（3）每套住宅内应对卧室、起居室、厨房等不同功能房间进行检测。

（4）检测时待测房间污染物检测点数的设置应符合表 2-24 的规定。

待测房间污染物检测点数设置　　　　　　　　　　表 2-24

房间使用面积(m²)	监测点数
<50	1
≥50	2

（5）检测采样应在关闭门窗 1h 后进行，采样时应关闭门窗，且采样时间不应少于 20min。

（6）空气质量检测宜同时测量室内空气温度和通风换气次数，并应在室内空气质量检测报告中标注测量结果。

（7）室内空气质量检测应按下列方法进行：

1）甲醛的检测方法应符合现行国家标准《公共场所卫生检验方法 第 2 部分：化学污染物》GB/T 18204.2 中酚试剂分光光度法的规定；

2）苯、甲苯、二甲苯的检测方法应符合现行行业标准《环境空气 苯系物的测定 固体吸附/热脱附-气相色谱法》HJ 583 和《环境空气 苯系物的测定 活性炭吸附/二硫化碳解吸-气相色谱法》HJ 584 的规定；

3）TVOC 的检测方法应符合现行国家标准《民用建筑工程室内环境污染控制规范》GB 50325 的规定；

4）甲醛、苯、甲苯、二甲苯、TVOC 的采样也可采用现行行业标准《建筑室内污染简便取样仪器检测方法》JG/T 498 的方法。

5）室内空气温度、通风换气次数的检测方法应符合现行国家标准《公共场所卫生检验方法 第1部分：物理因素》GB/T 18204.1 的规定。

（8）当空气质量等级不符合设计要求时，应分析原因并应进行治理。治理后的工程，应对不符合项目再次进行检测，再次检测的抽检量应增加1倍，并应包含不符合设计要求的房间。

（9）工程验收时应检查室内装修污染控制文件，文件应包括下列内容：

1）合同；

2）装修设计文件；

3）污染物控制设计计算书；

4）材料污染物释放率检测报告、材料进场检验记录、复验报告；

5）室内空气质量检测报告；

6）检测单位资质证明文件。

2.4.4　《民用建筑太阳能热水系统应用技术标准》GB 50364—2018

1. 修订的主要技术内容

（1）太阳能热水系统设计

1）太阳能产生的热能宜作为预热热媒间接使用，与辅助热源宜串联使用。

2）太阳能热水系统的给水应对超过有关标准的原水进行水质软化处理。

3）直接供热水系统应设置恒温混水阀；间接供热水系统宜设置温度控制装置。两种系统均应保证用户末端出水温度低于60℃。

4）供热水系统的管路应做保温，保温设计应符合下列规定：

①室外埋地管路保温宜采用直埋双层保温构造，内层应采用岩棉、玻璃棉等无机材料，外层可采用 HDPE 保护管壳，并应符合现行行业标准《城镇供热直埋热水管道技术规程》CJJ/T 81 的规定；

②室外露明管路保温宜采用双层保温构造，内层应采用岩棉、玻璃棉等无机材料，外层可采用镀锌板、铝板保护壳；

③室内管路保温宜采用40～50mm厚橡塑或岩棉保温，外缠防护布，橡塑保温适用温度范围为−40℃～120℃，橡塑保温材料耐火等级为 B_1 级。

5）辅助能源设备与太阳能储热装置不宜设在同一容器内，太阳能宜作为预热热媒与辅助热源串联使用。

6）辅助能源的控制应在保证充分利用太阳能集热量的条件下，根据不同的供热水方式，选择采用全日自动控制、定时自动控制或手动控制。

7）辅助能源的水加热设备应根据热源种类及其供水水质、冷热水系统型式，选择采用直接加热或间接加热设备。

8）太阳能热水系统中所使用的电气设备应装设短路保护和接地故障保护装置。

9）控制系统设计应遵循安全可靠、经济实用、地区与季节差别的原则，根据不同的太阳能热水系统特点确定相应的功能，实现在最小的常规能源消耗条件下获得最大限度太阳能的总体目标。

10）控制系统设计应依据太阳能热水系统设计要求，实现对太阳能集热系统、辅助能源系统以及供热水系统等的功能控制与切换。控制系统功能应包含运行控制功能与安全保护功能。运行控制功能应包含手动控制与自动控制功能。

11）控制系统设计中的传感器、核心控制单元、显示器件、执行机构应符合国家现行相关产品标准的要求。

12）太阳能热水系统的运行控制功能设计应符合下列规定：

①采用温差循环运行控制设计的集热系统，温差循环的启动值与停止值应可调；

②在开式集热系统及开式贮热水箱的非满水位运行控制设计中，宜在温差循环使得水箱水温高于设定温度后，采用定温出水，然后自动补水，在水箱水满后再转换为温差循环；

③温差循环控制的水箱测温点应在水箱的下部；

④当集热系统循环为变流量运行时，应根据集热器温差改变流量，实现稳定运行；

⑤在较大面积集热系统的情况下，代表集热器温度的高温点或低温点宜设置一个以上温度传感器；

⑥在开式贮热水箱和开式供热水箱的系统中，供热水箱的水源宜由贮热水箱供应。

13）太阳能热水系统的安全保护功能设计应符合下列规定：

①太阳能集热系统的集热循环控制应采取防过热措施；

②当贮热水箱高于设定温度时，应停止继续从集热系统与辅助能源系统获得能量；

③当在冬季有冻结可能地区运行的以水为工质的集热循环系统，不宜采用排空方法防冻运行时，宜采用定温防冻循环优先于电辅助防冻措施；在电辅助防冻措施中，宜采用管路或水箱内设置电加热器且循环水泵防冻的措施优先于管路电伴热辅助防冻措施；当防冻运行时，管路温度宜控制在 5℃～10℃之间；

④采用主动排空防冻的太阳能集热系统中，排空的持续时间应可调；

⑤在太阳能集热系统和供热水系统中，水泵的运行控制应设置缺液保护。

（2）太阳能热水系统的安装技术内容

1）室内贮热水箱四周应留有管路与设备安装与检修所需的必要空间。

2）严寒和寒冷地区以水为工质的室外管路，应采取防冻措施。

（3）太阳能热水工程的系统调试

1）太阳能热水工程的系统调试，应有施工单位负责、监理单位监督、建设单位参与和配合。系统调试的实施单位可是施工企业本身或委托给有调试能力的其他单位。

2）系统联动调试后的运行参数应符合下列规定：

①设计工况下太阳能集热系统的流量与设计值的偏差不应大于 10%；

②实际工况下热水的流量、温度应符合设计要求；

③设计工况下系统的工作压力应符合设计要求。

（4）太阳能热水系统的验收

1）太阳能热水工程的分部、分项工程的划分见表 2-25。

太阳能热水工程的分部、分项工程划分　　　　　　　表 2-25

序号	分部工程	分项工程
1	太阳能集热系统	预埋件及后置锚栓安装和封堵，基座、支架安装，太阳能集热器安装，其他能源辅助加热/换热设备安装，水泵等设备及部件安装，管道及配件安装，系统水压试验及调试，防腐、绝热
2	储热系统	贮热水箱及配件安装，地下水池施工，管道及配件安装，辅助设备安装，防腐、绝热
3	热水供应系统	管道及配件安装，水泵等设备及部件安装，辅助设备安装，系统水压试验及调试，防腐、绝热
4	控制系统	传感器及安全附件安装，计量仪表安装，电线、电缆施工敷设，接地装置安装

2）太阳能热水工程的检验、检测应包括下列主要内容：

①压力管道、系统、设备及阀门的水压试验；

②系统的冲洗及水质监测；

③系统的热性能监测。

3）太阳能热水系统管道的水压试验压力应为工作压力的 1.5 倍，工作压力应按设计要求。设计未注明时，开式太阳能集热系统应以系统定点工作加 0.1MPa 进行水压试验；闭式太阳能集热系统和供热水系统应按现行国家标准《建筑给水排水及采暖工程施工质量验收规范》GB 50242 的规定执行。

4）应建立太阳能热水系统的竣工验收责任制，组织竣工验收的建设单位（项目）负责人、承担竣工验收的施工、设计，监理单位（项目）负责人，对系统完成竣工验收交付用户使用后的正常运行负有相应的责任。

5）竣工验收时，系统热工性能检验的测试方法应符合现行国家标准《可再生能源建筑应用工程评价标准》GB/T 50801 的规定，质检机构应出具检测报告，并应作为工程通过竣工验收的必要条件。

6）竣工验收时，太阳能集热系统效率和太阳能热水系统的太阳能保证率应满足设计要求，当设计无明确规定时，应满足表 2-26 的要求。

不同地区的集热系统效率和热水系统太阳能保证率　　　　表 2-26

太阳能资源区别	太阳能集热系统效率	太阳能热水系统太阳能保证率
资源极富区	$\eta \geqslant 42\%$	$f \geqslant 60\%$
资源丰富区	$\eta \geqslant 42\%$	$\eta \geqslant 50\%$
资源较富区	$\eta \geqslant 42\%$	$\eta \geqslant 40\%$
资源一般区	$\eta \geqslant 42\%$	$\eta \geqslant 30\%$

7）竣工验收时，太阳能供热水系统的供热水温度应满足设计要求；当设计无明确规定时，供热水温度不应小于 45℃，且必应大于 60℃。

（5）太阳能热水系统的运行与维护

1）太阳能热水系统初次运行之前，应确认太阳能热水系统安装符合设计要求和国家现行相关标准。

2）太阳能热水系统初次运行之前的准备工作应符合下列规定：

①运行前应先冲洗贮热水箱、太阳能集热器及系统管路的内部，然后向系统内填充传热工质；

②在系统处于运行的条件下，对受控设备、控制器和计量装置等应进行调试，保证各组件的运行达到设计要求，并应保证系统的整体运行符合设计要求。

3）太阳能集热器的运行应符合下列规定：

①应避免太阳能集热器在运行过程中发生长期空晒和闷晒现象；

②应避免太阳能集热器在运行过程中发生液态传热工质冻结现象。

4）太阳能集热器的维护应符合下列规定：

①应定期清扫或冲洗集热器表面的灰尘；

②应定期除去真空管中的水垢；

③应定期检查真空管集热器不被坏损，并应避免硬物冲击；

④应定期检查真空管集热器不发生泄漏，并应避免漏水现象发生；

⑤如果发生空晒现象，真空管不应立即上冷水。

5）应定期检查贮热水箱的密封性；发现破损时，应及时修补。

6）应定期检查贮热水箱的保温层；发现破损时，应及时修补。

7）应定期检查贮热水箱的补水阀、安全阀、液位控制器和排气装置，确保正常工作，并应防止空气进入系统。

8）应定期检查是否有异物进入贮热水箱，防止循环管道被堵塞。

9）应定期清除贮热水箱内的水垢。

10）管道的日常维护保养应符合下列规定：

①管道保温层和表面防潮层不应破损或脱落；

②管道内应没有空气，防止热水因为气堵而无法输送到各个配水点；

③系统管道应通畅并应定期冲洗整个系统。

11）阀门日常维护保养应符合下列规定：

①阀门应清洁；

②螺杆与螺母不应磨损；

③被动动作的阀门应定期转动手轮或者手柄，防止阀门生锈咬死；

④自动动作的阀门应经常检查，确保其正常工作；

⑤电力驱动的阀门，除阀体的维护保养外，还应特别加强对电控元器件和线路的维护保养；

⑥不应站在阀门上操作或检修。

12）管路系统的支撑构件，包括支吊架和管箍等运行中出现断裂、变形、松动、脱落和锈蚀应采取更换、补加、重新加固、补刷油漆等相应的措施。

13）水泵的运行应符合下列规定：

①启动前应做好准备工作，轴承的润滑油应充足、良好，水泵及电机应固定良好，水泵及进水管部分应全部充满水；

②应做好启动检查工作，泵轴的旋转方向应正确，泵轴的转动应灵活；

③应做好运行检查工作，电机不能有过高的温升，轴承温度不得超过周围环境温度35℃～40℃，轴封处、管接头均应无漏水现象，并应无异常噪声、振动、松动和异味，压力表指示应正常且稳定，无剧烈抖动。

14）水泵的维护保养应符合下列规定：

①当发现漏水时，应压紧或更换油封；

②每年应对水泵进行一次解体检修，内容包括清洗和检查。清洗应刮去叶轮内外表面的水垢，并应清洗泵壳的内表面以及轴承。在清洗同时，对叶轮、密封环、轴承、填料等部件应进行检查，以便确定是否需要修理或更换；

③每年应对没有进行保温处理的水泵泵体表面进行一次除锈刷漆作业。

15）控制系统的安装运行应符合下列规定：

①交流电源进线端接线应正确；

②应检查水位探头和温度探头，并应做好探头外部的防水；

③控制柜安放场所应符合国家现行相关标准的规定；

④控制柜周围应通风良好，以便于控制柜中的元器件更好的散热；

⑤控制柜不应与磁性物体接触；

⑥安装现场应为控制柜提供独立的电源隔离开关；

⑦在强干扰场合，控制柜应接地且不应接近干扰源；

⑧现场布线，强弱电应分离；

⑨暂不使用的控制柜，储存时应放置于无尘垢、干燥的地方，环境温度应为0℃～40℃。

16）温度传感器的维护应符合下列规定：

①热电阻不应受到强烈的外部冲击；

②热电阻套管应密封良好；

③热电阻引出线与传感器连接线的连接不应松动、腐蚀。

17）控制系统的维护应符合下列规定：

①控制系统中的仪表指（显）示应正确，其误差应控制在允许范围内；

②控制系统执行元件的运行应正常；

③控制系统的供电电源应合适；

④控制系统应正确送入设定值。

18）执行器的维护应符合下列规定：

①执行器外壳不应破损，且与之相连的连接不应损坏、老化，连接点不应有松动、腐蚀，执行器与阀门、阀芯连接的连杆不应锈蚀、弯曲；

②执行器的环境温度应正常。

19）辅助电加热器的运行应符合下列规定：

①容器内水位应高于电加热器，低水位保护应正常工作；

②电加热器不应有水垢；

③所有阀门的开闭状态应正确，安全阀应正常工作。

20）辅助电加热器的维护应符合下列规定：

①电加热器元件不应有劳损情况；

②电加热器外表不应有结垢或淤积情况；

③安全阀应能正常工作。

21）辅助空气源热泵的运行应符合下列规定：

①热泵压缩机和风机，应工作正常，机组出风口，必须保证无堵塞物；

②配线配管，应保证接线正确，接地线应保证可靠连接，应保证电源电压与机组额定电压相匹配，检查线控器，应保证各功能键正常，剩余电流保护器应保证有效动作；

③进出水口止回阀及安全阀，应保证正确安装。

2. 强制性条文

（1）在既有建筑上增设或改造太阳能热水器系统，必须经建筑结构安全复核，并应满足建筑结构的安全性要求。

为确保建筑结构安全及其他相应的安全性要求，在改造和增设太阳能热水系统时，必须经过建筑结构复核，确定是否可改造或增设太阳能热水系统。

（2）建筑物上安装太阳能热水系统，不得降低相邻建筑的日照标准。日照标准一般取决于建筑间距。

（3）太阳能集热器的支撑结构应满足太阳能集热器运行状态的最大荷载和作用。

（4）太阳能热水系统的连接件与主体结构的锚固承载力设计值应大于连接件本身的承载力设计值。

（5）安装太阳能集热器的建筑部位，应设置防止集热器损坏后部件坠落伤人的安全措施。

（6）在阳台上设置太阳能集热器应符合下列规定：

①设置在阳台栏板上的集热器支架应与阳台栏板上的预埋件牢固连接；

②当集热器构成阳台栏板时，应满足阳台栏板的刚度、强度及防护功能要求。

提出了太阳能集热器安装在建筑阳台的要求。

（7）太阳能热水系统应采用防冻、防结露、防过热、防电击、防雷、抗雹、抗风、抗震等技术措施。

（8）安装在建筑上或直接构成建筑围护结构的太阳能集热器，应有防止热水渗漏的安全保障措施。防止因热水渗漏到屋内或楼下而危及人身安全。

（9）太阳能热水系统中所使用的电气设备应装设短路保护和接地故障保护装置。

第 5 节 建筑施工安全技术管理

2.5.1 《安全防范工程技术标准》GB 50348—2018

1. 增加了风险防范规划

（1）安全防范工程建设应根据保护对象的安全需求，通过风险评估确定需要防范的具体风险。

（2）安全防范工程建设应针对需要防范的风险，按照纵深防护和均衡防护的原则，统筹考虑人力防范能力，协调配置实体防护和（或）电子防护设备、设施，对保护对象从单位、部位和（或）区域、目标三个层面进行防护，且应符合下列规定：

1）周界的防护应符合下列规定：

①应根据现场环境和安全防范管理要求，合理选择实体防护和（或）入侵探测和（或）视频监控等防护措施；

②应考虑不同的入侵探测设备对翻越、穿越、挖洞等不同入侵行为的探测能力以及入侵探测报警后的人防响应能力；

③应考虑视频监控设备对周界环境的监视效果，至少应能看清周界环境中人员的活动情况。

2）出入口的防护应符合下列规定：

①应根据现场环境和安全防范管理要求，合理选择实体防护和（或）出入口控制和（或）入侵探测和（或）视频监控等防护措施；

②应考虑出入口控制的不同识读技术类型及其防御非法入侵（强行闯入、尾随进入、技术开启等）的能力；

③应考虑不同的入侵探测设备对翻越、穿越等不同入侵行为的探测能力，以及入侵探

测报警后的人防响应能力；

④应考虑视频监控设备对出入口的监视效果，通常应能清晰辨别出入人员的面部特征和出入车辆的号牌。

3）通道和公共区域的防护应符合下列规定：

①应选择视频监控，监视效果应能看清监控区域内人员、物品、车辆的通行状况；重要点位宜清晰辨别人员的面部特征和车辆的号牌；

②高风险保护对象周边的通道和公共区域，可选择入侵探测和（或）实体防护措施。

4）监控中心、财务室、水电气热设备机房等重要区域、部位的防护应符合下列规定：

①应根据现场环境和安全防范管理要求，合理选择实体防护和（或）出入口控制和（或）入侵探测和（或）视频监控等防护措施；

②实体防护应选择防盗门和（或）防盗窗，其他防护措施应考虑选择的设备类型及其防御非法入侵的能力、报警后的响应时间以及视频监控的监视效果。

5）保护目标的防护应符合下列规定：

①应根据现场环境和安全防范管理要求，合理选择实体防护和（或）区域入侵探测和（或）位移探测和（或）视频监控等防护措施；

②可采用区域入侵探测、位移探测等手段对固定目标被接近或被移动的情况实时探测报警，应考虑报警后的人防响应能力；

③采用视频监控进行防护时，应确保保护目标持续处于监控范围内，应考虑对保护目标及其所在区域的监视效果，且至少应能看清保护目标及其所在区域中人员的活动情况，当保护目标涉密或有隐私保护需求时，视频监控应满足保密和隐私保护的相关规定。

2. 增加了系统架构规划

（1）安全防范系统架构规划应按照安全可控、开放共享的原则，统筹考虑子系统组成、信息资源、集成/联网方式、传输网络、安全防范管理平台、信息共享应用模式、存储管理模式、系统供电、接口协议、智能应用、系统运行维护、系统安全等要素。

（2）应根据安全防范系统，合理选择主电源、备用电源及其供电模式和保障措施，统筹规划设计系统的各类接口以及信息传输、交换、控制协议，进行安全防范管理平台的智能化模块设计，或在安全防范管理平台之外单独规划设计智能化应用系统，包括视频智能分析系统、大数据分析系统等。

（3）应根据安全防范系统接入设备的规模及复杂程度，进行安全防范管理平台的运行维护模块设计，或在安全防范管理平台之外单独规划设计运行维护管理平台（运行维护管理系统），保障安全防范系统、设备以及网络的正常运行。

（4）应按照信息安全相关要求，整体规划安全防范系统的安全策略，选择适宜的接入设备安全措施、数据安全措施、传输网络安全措施以及不同网络的边界安全隔离措施等。

3. 增加了人力防范规划

安全防范工程建设（使用）单位应根据人防、物防、技防相结合，探测、延迟、反应相协调的原则，综合考虑物防、技防能力以及系统正常运行、应急处置的需要，进行人力防范规划。

4. 增加了实体防护设计

（1）实体防护设计应遵循安全性、耐久性、联动性、模块化、标准化等原则，包括周界实体防护设计、建（构）筑物设计和实体装置设计。

（2）周界实体防护设计应包括周界实体屏障、出入口实体防护、车辆实体屏障、安防照明与警示标志等设计内容。

（3）周界实体屏障的设计应符合下列规定：

1）应根据场地条件合理规划周界实体屏障的位置；周界实体屏障的防护面一侧的区域内不应有可供攀爬的物体或设施；

2）有防爆安全要求的周界实体屏障，应根据爆炸冲击波对防护区域的破坏力和（或）杀伤力，设置有效的安全距离；

3）根据安全防范管理要求，可按照分级、分区、纵深防护的原则，设置单层或多层周界实体屏障；多层周界实体屏障之间宜建立清除区；宜充分利用天然屏障进行综合设计，可多种类、多形式屏障组合应用；

4）有防攀越、防穿越、防拆卸、防破坏、防窥视、防投射物等防护功能的周界实体屏障，其材质、强度、高度、宽度、深度（地面以下）、厚度等应满足防护性能的要求；

5）穿越周界的河道、涵洞、管廊等孔洞，应采取相应的实体防护措施。

（4）安防照明与警示标志应符合下列规定：

1）根据安全防范管理要求，可选择连续照明、强光照明、警示照明、运动激活照明等安防照明措施，照射的区域和照度应满足安全防范要求；安防照明不应对保护目标造成伤害；安防照明宜与电子防护系统联动；

2）应在必要位置设置明显的警示标志，警示标志尺寸、颜色、文字、图像、标识应符合相关规定。

（5）建（构）筑物平面与空间布局应符合下列规定：

1）根据安全防范管理要求，应合理设计建（构）筑物场地道路的安全距离、线形和行进路线；应利用场地和景观形成缓冲区、隔离带、障碍等，发挥场地与景观的实体防护功能；

2）建（构）筑物内部区域应进行公共区域、办公区域、重点区域的划分；重点区域宜设置独立出入口；通道设计宜避免人员隐匿或藏匿；重要保护目标所在部位或区域宜设计专用通道；公共停车场宜远离重要保护目标；报警响应人员的驻守位置应保障应急响应、现场处置的需要；

3）具有易燃、易爆、有毒、放射性等特性的保护目标，其存放场所或独立建（构）筑物应设置在隐蔽和远离人群的位置。

（6）建筑门窗的设计与选型应符合下列规定：

1）建筑物所有门窗的框架、固定方式、五金部件等应具有均衡的防撬、防砸、防拆卸等防护能力，并与墙体的防护能力相匹配；

2）有防盗要求时，保护目标所在的部位或区域应按照国家现行标准采用相应安全级别的防盗安全门和相应防护能力的防盗窗；

3）有防爆炸和（或）防弹和（或）防砸要求时，保护目标的门窗应采用具有相应防护能力的材料和结构；选用的防爆炸和（或）防弹和（或）防砸玻璃等材料应符合国家现行标准中相应安全级别的规定；

4）金库等特殊保护目标库房的总库门应采用具有防破坏、防火、防水等相应能力的安全门。

(7) 实体装置设计与选型应符合下列规定：

1) 应根据保护目标的安全需求，合理配置具有防窥视、防砸、防撬、防弹、防爆炸等功能的实体装置；实体装置的安全等级应与其风险防护能力相适应；

2) 应合理选用防盗保险柜（箱）、物品展示柜、防护罩、保护套管等实体装置对重要物品、重要设施、重要线缆等保护目标进行实体防护。

5. 安全防范系统的运行与维护

(1) 建设（使用）单位应根据安全防范管理要求、系统规模和竣工文件，编制系统运行与维护的工作规划，建立系统运行与维护保障机制。

(2) 系统运行与维护单位可以是建设（使用）单位，也可以是建设（使用）单位委托的第三方运维服务机构。

(3) 系统运行与维护单位应建立安全防范系统设备台账，并对系统和设备的全生命周期进行管理。

(4) 系统运行与维护工作应落实保密责任与措施，人员应经培训和考核合格后上岗。第三方运维服务机构在退出系统运行与维护工作时，应做好移交工作。

6. 强制性条文

1.0.6 在涉及国家安全、国家秘密的特殊领域开展安全防范工程建设，应按照相关管理要求，严格安全准入机制，选用安全可控的产品设备和符合要求的专业设计、施工和服务队伍。

6.1.3 安全防范工程的设计除应满足系统的安全防范效能外，还应满足紧急情况下疏散通道人员疏散的需要。

6.1.5 高风险保护对象安全防范工程的设计应结合人防能力配备防护、防御和对抗性设备、设施和装备。

6.3.6 周界实体屏障的设计应符合下列规定：

1 应根据场地条件合理规划周界实体屏障的位置；周界实体屏障的防护面一侧的区域内不应有可供攀爬的物体或设施；

2 有防爆安全要求的周界实体屏障，应根据爆炸冲击波对防护区域的破坏力和（或）杀伤力，设置有效的安全距离；

4 有防攀越、防穿越、防拆卸、防破坏、防窥视、防投射物等防护功能的周界实体屏障，其材质、强度、高度、宽度、深度（地面以下）、厚度等应满足防护性能的要求；

5 穿越周界的河道、涵洞、管廊等孔洞，应采取相应的实体防护措施。

6.3.8 车辆实体屏障设计应符合下列规定：

2 车辆实体屏障应具有减速、吸能、阻停等防护功能；应根据防范车辆的载重、速度及其撞击产生的动能，合理设计车辆实体屏障的高度、结构强度、固定方式和材质材料等，满足相应的防冲撞能力要求；

3 有防爆安全要求的车辆实体屏障，应设置有效的安全距离。

6.3.11 建（构）筑物平面与空间布局应符合下列规定：

1 根据安全防范管理要求，应合理设计建（构）筑物场地道路的安全距离、线形和行进路线；应利用场地和景观形成缓冲区、隔离带、障碍等，发挥场地与景观的实体防护功能；

3　具有易燃、易爆、有毒、放射性等特性的保护目标，其存放场所或独立建（构）筑物应设置在隐蔽和远离人群的位置。

6.3.12　建（构）筑物结构设计应符合下列规定：

3　有防爆炸要求时，建筑物墙体应进行防爆结构设计；有保密要求的场所，应进行信息屏蔽、防窃听窃视设计；

4　建（构）筑物的洞口、管沟、管廊、吊顶、风管、桥架、管道等空间尺寸能够容纳防范对象隐蔽进入时，应采用实体屏障或实体构件进行封闭和阻挡。

6.3.13　建筑门窗的设计与选型应符合下列规定：

2　有防盗要求时，保护目标所在的部位或区域应按照国家现行标准采用相应安全级别的防盗安全门和相应防护能力的防盗窗；

3　有防爆炸和（或）防弹和（或）防砸要求时，保护目标的门窗应采用具有相应防护能力的材料和结构；选用的防爆炸和（或）防弹和（或）防砸玻璃等材料应符合国家现行标准中相应安全级别的规定；

4　金库等特殊保护目标库房的总库门应采用具有防破坏、防火、防水等相应能力的安全门。

6.4.3　入侵和紧急报警系统设计内容应包括安全等级、探测、防拆、防破坏及故障识别、设置、操作、指示、通告、传输、记录、响应、复核、独立运行、误报警与漏报警、报警信息分析等，并应符合下列规定：

2　入侵和紧急报警系统应能准确、及时地探测入侵行为或触发紧急报警装置，并发出入侵报警信号或紧急报警信号。

3　当下列设备被替换或外壳被打开时，入侵和紧急报警系统应能发出防拆信号：

1）控制指示设备、告警装置；

2）安全等级 2、3、4 级的入侵探测器；

3）安全等级 3、4 级的接线盒。

4　当报警信号传输线被断路/短路、探测器电源线被切断、系统设备出现故障时，控制指示设备应发出声、光报警信号。

5　应能按时间、区域、部位，对全部或部分探测防区（回路）的瞬时防区、24h 防区、延时防区、设防、撤防、旁路、传输、告警、胁迫报警等功能进行设置。应能对系统用户权限进行设置。

6　系统用户应能根据权限类别不同，按时间、区域、部位对全部或部分探测防区进行自动或手动设防、撤防、旁路等操作，并应能实现胁迫报警操作。

7　系统应能对入侵、紧急、防拆、故障等报警信号来源、控制指示设备以及远程信息传输工作状态有明显清晰的指示。

8　当系统出现入侵、紧急、防拆、故障、胁迫等报警状态和非法操作时，系统应能根据不同需要在现场和（或）监控中心发出声、光报警通告。

14　入侵和紧急报警系统不得有漏报警，误报警率应符合设计任务书和（或）工程合同书的要求。

6.4.5　视频监控系统设计内容应包括视频/音频采集、传输、切换调度、远程控制、视频显示和声音展示、存储/回放/检索、视频/音频分析、多摄像机协同、系统管理、独立运行、集成与联网等，并应符合下列规定：

1 视频采集设备的监控范围应有效覆盖被保护部位、区域或目标，监视效果应满足场景和目标特征识别的不同需求。视频采集设备的灵敏度和动态范围应满足现场图像采集的要求；

2 系统的传输装置应从传输信道的衰耗、带宽、信噪比，误码率、时延、时延抖动等方面，确保视频图像信息和其他相关信息在前端采集设备到显示设备、存储设备等各设备之间的安全有效及时传递。视频传输应支持对同一视频资源的信号分配或数据分发的能力；

3 系统应具备按照授权实时切换调度指定视频信号到指定终端的能力；

4 系统应具备按照授权对选定的前端视频采集设备进行 PTZ 实时控制和（或）工作参数调整的能力；

5 系统应能实时显示系统内的所有视频图像，系统图像质量应满足安全管理要求。声音的展示应满足辨识需要。显示的图像和展示的声音应具有原始完整性；

7 防范恐怖袭击重点目标的视频图像信息保存期限不应少于 90d，其他目标的视频图像信息保存期限不应少于 30d；

10 系统应具有用户权限管理、操作与运行日志管理、设备管理和自我诊断等功能。

6.4.7 出入口控制系统的设计内容应包括：与各出入口防护能力相适应的系统和设备的安全等级、受控区的划分、目标的识别方式、出入控制方式、出入授权、出入口状态监测、登录信息安全、自我保护措施、现场指示/通告、信息记录、人员应急疏散、独立运行、一卡通用等，并应符合下列规定：

8 出入口控制系统应根据安全等级的要求，采用相应自我保护措施和配置。位于对应受控区、同权限受控区或高权限受控区域以外的部件应具有防篡改/防撬/防拆保护措施；

11 系统不应禁止由其他紧急系统（如火灾等）授权自由出入的功能。系统必须满足紧急逃生时人员疏散的相关要求。当通向疏散通道方向为防护面时，系统必须与火灾报警系统及其他紧急疏散系统联动，当发生火警或需紧急疏散时，人员应能不用进行凭证识读操作即可安全通过；

13 当系统与其他业务系统共用的凭证或其介质构成"一卡通"的应用模式时，出入口控制系统应独立设置与管理。

6.4.9 停车库（场）安全管理系统设计内容应包括出入口车辆识别、挡车/阻车、行车疏导（车位引导）、车辆保护（防砸车）、库（场）内部安全管理、指示/通告、管理集成等，并应符合下列规定：

5 系统应能对车辆的识读过程提供现场指示；当停车库（场）出入口装置处于被非授权开启、故障等状态时，系统应能根据不同需要向现场、监控中心发出可视和（或）可听的通告或警示。

6.4.10 防爆安全检查系统应由具有专业能力的安全检查人员操作，在专门设置的安全检查区，通过安全检查设备的探测、识别，配合人工专业检查，实现探测、发现并阻止禁限带物品进入保护单位或区域的目的。防爆安全检查系统设计应符合下列规定：

1 系统应能对进入保护单位或区域的人员和（或）物品和（或）车辆进行安全检查，

对规定的爆炸物、武器和（或）其他违禁品进行实时、有效的探测、显示、记录和报警；

3　系统探测时产生的辐射剂量不应对被检人员和物品产生伤害，不应引起爆炸物起爆。系统探测时泄漏的辐射剂量不应对非被检人员和环境造成伤害；

4　成像式人体安全检查设备的显示图像应具有人体隐私保护功能；

9　应配备防爆处置、防护设施。防护设施应安全受控，便于取用。

6.4.12　楼寓对讲系统设计内容应包括对讲、可视、开锁、防窃听、告警、系统管理、报警控制及管理、无线扩展终端、系统安全等，并应符合下列规定：

5　当系统受控门开启时间超过预设时长、访客呼叫机防拆开关被触发时，应有现场告警提示信息；具有高安全需求的系统还应向管理中心发送告警信息；

9　除已采取了可靠的安全管控措施外，不应利用无线扩展终端控制开启入户门锁以及进行报警控制管理。

6.6.2　安全防范系统的设计应防止造成对人员的伤害，并应符合下列规定：

1　系统所用设备及其安装部件的机械结构应有足够的强度，应能防止由于机械重心不稳、安装固定不牢、突出物和锐利边缘以及显示设备爆裂等造成对人员的伤害；

2　系统所用设备所产生的气体、X 射线、激光辐射和电磁辐射等应符合国家相关标准的要求，不能损害人体健康；

3　系统和设备应有防人身触电、防火、防过热的保护措施。

6.6.4　安全防范系统的设计应保证系统的信息安全性，并应符合下列规定：

3　应有防病毒和防网络入侵的措施；

5　系统运行的密钥或编码不应是弱口令，用户名和操作密码组合应不同；

6　当基于不同传输网络的系统和设备联网时，应采取相应的网络边界安全管理措施。

6.6.5　安全防范系统的设计应考虑系统的防破坏能力，并应符合下列规定：

1　入侵和紧急报警系统应具备防拆、断路、短路报警功能；

3　系统供电暂时中断恢复供电后，系统应能自动恢复原有工作状态，该功能应能人工设定。

6.12.4　备用电源和供电保障规划设计应符合下列规定：

3　安全等级 4 级的出入口控制点执行装置为断电开启的设备时，在满负荷状态下，备用电源应能确保该执行装置正常运行不应小于 72h。

6.13.1　传输方式的选择应符合下列规定：

4　高风险保护对象的安全防范工程应采用专用传输网络〔专线和（或）虚拟专用网〕。

6.13.3　传输设备选型应符合下列规定：

2　无线发射装置、接收装置的发射频率、功率应符合国家无线电管理的有关规定。

6.13.4　布线设计应符合下列规定：

4　监控中心的值守区与设备区为两个独立物理区域且不相邻时，两个区域之间的传输线缆应封闭保护，其保护结构的抗拉伸、抗弯折强度不应低于镀锌钢管；

5　来自高风险区域的线缆路由经过低风险区域时，应采取必要的防护措施；

6　出入口执行部分的输入线缆在该出入口的对应受控区、同权限受控区、高权限受控区以外的部分应封闭保护，其保护结构的抗拉伸、抗弯折强度不应低于镀锌钢管。

6.14.2 监控中心的自身防护应符合下列规定：

1 监控中心应有保证自身安全的防护措施和进行内外联络的通信手段，并应设置紧急报警装置和留有向上一级接处警中心报警的通信接口；

2 监控中心出入口应设置视频监控和出入口控制装置；监视效果应能清晰显示监控中心出入口外部区域的人员特征及活动情况；

3 监控中心内应设置视频监控装置，监视效果应能清晰显示监控中心内人员活动的情况；

4 应对设置在监控中心的出入口控制系统管理主机、网络接口设备、网络线缆等采取强化保护措施。

6.14.3 监控中心的环境应符合下列规定：

2 监控中心的疏散门应采用外开方式，且应自动关闭，并应保证在任何情况下均能从室内开启。

7.2.4 线缆敷设应符合下列规定：

3 线缆接续点和终端应进行统一编号、设置永久标识，线缆两端、检修孔等位置应设置标签；

5 多芯电缆的弯曲半径应大于其外径的 6 倍，同轴电缆的弯曲半径应大于其外径的 15 倍，4 对型网络数据电缆的弯曲半径应大于其外径的 4 倍，光缆的弯曲半径应大于光缆外径的 10 倍。

12 在研制、生产、使用、储存、经营和运输过程中可能出现易燃易爆的特殊环境，应按现行国家标准的有关规定，进行危险源辨识，根据其规定的危险场所分类，采用相对应的材料，保持安全距离，合理规划管线敷设的位置，严格遵守所规定的施工工艺方法。

9.1.3 工程检验所使用的仪器、仪表必须经检定或校准合格，且检定或校准数据范围应满足检验项目的范围和精度的要求。

11.1.5 系统运行与维护工作应落实保密责任与措施。

11.1.6 系统运行与维护人员应经培训和考核合格后上岗。

11.2.7 同时接入监控中心和公安机关接警中心的紧急报警，监控中心值机人员应核实公安机关是否收到报警信息。

2.5.2 《建筑施工易发事故防治安全标准》JGJ/T 429—2018

1. 一般规定

（1）在危险性较大的分部分项工程的施工过程中，应指定专职安全生产管理人员在施工现场进行施工过程中的安全监督。

（2）进入施工现场的作业人员应逐级进行入场安全教育及岗位能力培训，经考核合格后方可上岗。特种作业人员应符合从业准入条件，持证上岗。

（3）施工现场出入口、施工起重机械、临时用电设施以及脚手架、模板支撑架等施工临时设施、临边与洞口等危险部位，应设置明显的安全警示标志和必要的安全防护设施，并应经验收合格后方可使用。临时拆除或变动安全防护设施时，应按程序审批，经验收合格后方可使用。

2. 坍塌

（1）基坑坍塌防范措施

1）施工现场物料不宜堆置在基坑边缘、边坡坡顶、桩孔边，当需堆置时，堆置的重量和距离应符合设计规定。各类施工机械距基坑边缘、边坡坡顶、桩孔边的距离，应根据设备重量、支护结构、土质情况按设计要求进行确定，且不宜小于 1.5m；

2）基坑支护采用内支撑时，应按先撑后挖、先托后拆的顺序施工，拆撑、换撑顺序应满足设计工况要求，并应结合现场支护结构内力和变形的监测结果进行。内支撑应在坑内梁、板、柱结构及换撑结构混凝土达到设计要求的强度后对称拆除；

3）基坑施工应收集天气预报资料，遇降雨时间较长、降雨量较大时，应提前对已开挖未支护基坑的侧壁采取覆盖措施，并应及时排除基坑内积水。

（2）边坡坍塌防范措施

1）对开挖后不稳定或欠稳定的边坡，应采取自上而下、分段跳槽、及时支护的逆作法或半逆作法施工，未经设计许可严禁大开挖、爆破作业。切坡作业时，严禁先切除坡脚，并不得从下部掏采挖土；

2）边坡开挖后应及时按设计要求进行支护结构施工或采取封闭措施。边坡应在支护结构混凝土达到设计要求的强度，并在锚杆（索）按设计要求施加预应力后，方可开挖或填筑下一级土方；

3）边坡爆破施工时，应采取措施防止爆破震动影响边坡及邻近建（构）筑物稳定；

4）边坡塌滑区有重要建（构）筑物的一级边坡工程施工时，应对坡顶水平位移、垂直位移、地表裂缝和坡顶建（构）筑物变形进行监测。

（3）临时建筑

1）临时建筑布置不得选择在易发生滑坡、泥石流、山洪等危险地段和低洼积水区域，应避开河沟、高边坡、深基坑边缘；

2）搭设在空旷、山脚处的活动房应采取防风、防洪和防暴雨等措施；

3）临时建筑严禁设置在建筑起重机械安装、使用和拆除期间可能倒塌覆盖的范围内。

（4）装配式建筑工程

1）预制梁、楼板安装应设置可靠的临时支撑体系，应具有足够的承载能力、刚度和整体稳固性；

2）预制构件与吊具应在校准定位完毕及临时支撑安装完成后进行分离。现浇段混凝土强度未达到设计要求，或结构单元未形成稳定体系前，不应拆除临时支撑系统。

（5）拆除工程

1）人工拆除作业时，楼板上严禁人员聚集或堆放材料。人工拆除建筑墙体时，严禁采用掏掘或推倒的方法；

2）梁式桥宜采用逆序拆除，不得采用机械破坏墩柱造成整体坍塌等危险方式进行拆除；

3）爆破拆除工程的预拆除施工中，不应拆除影响结构稳定的构件；

4）当采用支架法进行结构拆除时，应采用可靠的支撑系统。

3. 高处坠落

（1）凡在 2m 以上的悬空作业人员，应佩戴安全带。

（2）高处作业应设置专门的上下通道，攀登作业人员应从专门通道上下。上下通道应根据现场情况选用钢斜梯、钢直梯、人行塔梯等，各类梯道安装应牢固可靠。

（3）起重吊装悬空作业应有安全防护措施，并应符合下列要求：

1）结构吊装应设置牢固可靠的高处作业操作平台或操作立足点；

2）操作平台外围应设置防护栏杆；

3）操作平台面应满铺脚手板，脚手板应铺平绑牢，不得出现探头板。

（4）装配式建筑预制外墙施工所使用的外挂脚手架，其预埋挂点应经设计计算，并应设置防脱落装置，作业层应设置操作平台。

4. 物体打击

（1）设置防护棚。

（2）施工现场人员不应在起重机覆盖范围内和有可能坠物的地方逗留、休息。

（3）临近边坡的作业面、通行道路，当上方边坡的地质条件较差，或采用爆破方法施工边坡土石方时，应在边坡上设置阻拦网、插打锚杆或覆盖钢丝网进行防护。

5. 机械伤害

（1）施工现场应为机械提供道路、水电、机棚及停机场地等必备的作业条件，夜间作业应提供充足的照明。

（2）机械在临近坡、坑边缘及有坡度的作业现场（道路）行驶时，其下方受影响范围内不得有任何人员。

（3）作业人员不得站在不稳定的地方使用电动或气动工具，当需使用时，应有专人监护；木工圆盘锯机上的旋转锯片应带有护罩，平刨应设置护手装置；齿轮传动、皮带传动、连轴传动的小型机具应设置安全防护装置。

6. 用电伤害

各类用电人员应掌握安全用电基本知识和所用设备的性能，水上或潮湿地带的电缆线应绝缘良好，并应具有防水功能，电缆线接头应经防水处理。

7. 起重伤害

（1）纳入特种设备目录的起重机械进入施工现场，应具有特种设备制造许可证、产品合格证、备案证明和安装使用说明书。起重机械进场组装后应履行验收程序，填写安装验收表，并经责任人签字，在验收前应经有相应资质的检验检测机构监督检验合格。

（2）起重机械的变幅限位器、力矩限制器、起重量限制器、防坠安全器、各种行程限位开关以及滑轮和卷筒的钢丝绳防脱装置、吊钩防脱钩装置等安全保护装置，应齐全有效，严禁随意调整或拆除。严禁利用限制器和限位装置代替操纵机构。

（3）起重机械起吊的构件上不应有人、浮置物、悬挂物件，吊运易散落物件或吊运气瓶时，应使用专用吊笼。起重机严禁采用吊具载运人员。

8. 淹溺

（1）基坑和顶管工程施工时，应采取防淹溺措施，并应符合下列规定：

1）基坑、顶管工作井周边应有良好的排水系统和设施，避免坑内出现大面积、长时间积水；

2）采用井点降水时，降水井口应设置防护盖板或围栏，并应设置明显的警示标志，完工后应及时回填降水井；

3）对场地内开挖的槽、坑、沟及未竣工建筑内修建的蓄水池、化粪池等坑洞，当积水深度超过 0.5m 时，应采取有效的防护措施，夜间应设红灯警示。

（2）桥梁工程水上施工作业应采取防止淹溺事故的安全技术措施，并应符合下列规定：

1）水上作业平台周边应按临边作业要求设置防护栏杆，平台应满铺脚手板，人员上下通道应设安全网，并应设置多条安全通道；

2）水上作业时，作业人员应佩戴救生衣，穿防滑鞋，并应配备救生船、救生绳、救生梯、救生网等救生工具；上下游应设置浮绳，并应配备一定数量的固定式防水灯，夜间应有足够的照明；

3）应做好雨水水情通报工作，收集气象、水文信息，并应在河流上游设置水位尺，安排专人负责水情预报、预警、信号传递，遇到水位发生上涨时，应每小时通报一次，当水位超过警戒水位时，应立即启动应急预案。

9. 冒顶片帮

（1）隧道工作面开挖后应按要求及时施作初期支护，并应封闭成环，严禁岩层裸露时间过长，III、IV、V 级围岩封闭位置距离掌子面不得大于 3.5m。施工中应随时观察支护各部位，当支护变形或损坏时，作业人员应及时撤离现场。

（2）隧道仰拱施工应符合下列规定：

1）仰拱开挖前应完成钢架锁脚锚杆施作；

2）IV 级及以上围岩仰拱每循环开挖长度不得大于 3m，仰拱应分段一次整幅浇筑，不得分幅施作，并应根据围岩情况严格限制分段长度；

3）仰拱与掌子面的距离，III 级围岩不得超过 90m，IV 级围岩不得超过 50m，V 级及以上围岩不得超过 40m；

4）仰拱开挖后应立即施作初期支护，并应与拱墙初期支护封闭成环。

（3）软弱围岩隧道开挖掌子面至二次衬砌之间应设置逃生通道，并应随开挖进尺不断前移。逃生通道的承载力、刚度应满足安全要求，逃生通道距离开挖掌子面不得大于20m，通道内径不宜小于 0.8m。

10. 透水

（1）穿越富水底层的隧道开挖及支护各道工序应紧密衔接，应采用对围岩扰动小的掘进方式，钻爆作业应控制起爆药量和循环进尺，并结合监控量测信息，及时施作二次衬砌。

（2）地下水位以下的基坑、顶管或挖孔桩施工，应根据地质钻探资料和工程实际情况，采取降水或抗渗维护措施。当有地下承压水时，应事先探明承压水头和不透水层的标高和厚度，并对坑底土体进行抗浮托能力计算，当不满足抗浮托要求时，应采取措施降低承压水头。

11. 爆炸和放炮

（1）爆破作业和爆破器材的采购、运输和储存等应按现行国家标准《爆破安全规程》GB 6722 的规定执行。严禁使用不合格、自制、来路不明的爆炸物及爆破器材；当日剩余的爆炸物品应经现场负责人、爆破员、安全员清点后由爆破员或安全员退回仓库储存，并应进行退库登记，严禁私自带回宿舍或私自储存。

（2）爆破作业应符合下列规定：

1）爆破作业应设警戒区和警戒哨岗，配备警戒人员和警戒设施，警戒人员应与爆破指挥部信息畅通。起爆前应撤出人员并应发出声光等警示信号；起爆后检查人员应在安全等待时间过后方可进入爆破警戒区范围内进行检查，并应在确认安全后，方可由爆破指挥部发出解除爆破警戒信号，在此之前，岗哨不得撤离，非检查人员不得进入爆破警戒范围；

2）钻孔装药作业应由爆破工程技术人员指挥、爆破员操作，并应按爆破设计方案进行网络连接。钻孔装药应拉稳药包提绳，配合送药杆进行。在雷管和起爆药包放入之前发生卡塞时，应采用长送药杆处理，装入起爆药包后，不得使用任何工具冲击和积压；

3）长度小于 300m 的隧道，起爆站应设在洞口侧面 50m 以外，其余隧道洞内起爆站距爆破位置不得小于 300m；

4）盲炮检查应在爆破 15min 后实施，发现盲炮应立即设立安全警戒，及时报告并由原爆破人员处理。电力起爆发生盲炮时应立即切断电源，爆破网络应置于短路状态。

12. 中毒和窒息

（1）在易产生有毒有害气体的狭小或密闭的缺氧空间作业前，应检测有毒有害气体和氧含量，根据检测结果及时通风或排风，并应符合下列规定：

1）地下管道、烟道、涵洞施工前，应强制送风，且空气中有毒有害气体和氧含量符合要求后方可作业，并应保持空气流通；

2）当挖孔桩开挖深度超过 5m 或有特殊要求时，下孔作业前，应采取机械送风，送风量不应小于 25L/s；

3）当隧道施工独头掘进长度超过 150m 时，应采用机械通风，每人供应新鲜空气量不应小于 $3m^3/min$，风速不得大于 6m/s，全断面开挖时风速不应小于 0.15m/s，导洞内不得小于 0.15m/s，风管出口距离掌子面不得大于 15m；作业前应检测有毒有害气体；

4）作业过程中，应监测作业场所空气中氧含量的变化，作业环境空气中氧含量不得小于 19.5%；

5）不得用纯氧进行通风换气。

（2）在已确定为缺氧作业环境的场所作业时，应有专人监护，并应采取下列措施：

1）无关人员不得进入缺氧作业场所，并应在醒目处设置警示标志；

2）作业人员应配备并使用空气呼吸器或软管面具等隔离式呼吸保护器具，不得使用过滤式面具；

3）当存在因缺氧而坠落的危险时，作业人员应使用安全带，并在适当位置可靠地安装必要的安全绳网设备；

4）在每次作业前，应检查呼吸器具和安全带，发现异常应立即更换，不得勉强使用；

5）在作业人员进入缺氧作业场所前和离开时应清点人数。

2.5.3 《建筑施工高处作业安全技术规范》JGJ 80—2016

1. 一般规定

（1）建筑施工高处作业主要包括临边、洞口、攀登、悬空、操作平台、交叉作业及安全网搭设等分项工程。

（2）建筑施工高处作业前，应对安全防护设施进行检查、验收，验收合格后方可进行作业；应对作业人员进行安全技术教育及交底，并应配备相应防护用品；检查高处作业的安全标志、安全设施、工具、仪表、防火设施、电气设施和设备，确认其完好，方可进行施工。

（3）在进行高处作业时，对施工作业现场所有可能坠落的物料应及时拆除或采取固定措施；高处作业所用的物料应堆放平稳，不得妨碍通行和装卸；工具应随手放入工具袋；作业中的走道、通道板和登高用具，应随时清理干净；拆卸下的物料及余料和废料应及时清理运走，不得任意放置或向下丢弃。传递物料时不得抛掷。

（4）在雨、霜、雾、雪等天气进行高处作业时，应采取防滑、防冻措施，并应及时清除作业面上的水、冰、雪、霜。

（5）当遇有 6 级以上强风、浓雾、沙尘暴等恶劣气候，不得进行露天攀登与悬空高处作业。暴风雪及台风暴雨后，应对高处作业安全设施进行检查，当发现有松动、变形、损坏或脱落等现象时，应立即修理完善，维修合格后再使用。

2. 临边作业

（1）临边作业主要是指建筑物外围边沿处、分层施工的楼梯口、楼梯平台和梯段边，以及施工升降机、龙门架和井架物料提升机等各类垂直运输设备设施与建筑物间设置的通道平台两侧边。

（2）坠落高度基准面 2m 及以上进行临边作业时，应在临空一侧设置防护栏杆，并应采用密目式安全立网或工具式栏板封闭。

（3）各类垂直运输接料平台口应设置高度不低于 1.80m 的楼层防护门，并应设置防外开装置；多笼井架物料提升机通道中间，应分别设置隔离设施。

3. 洞口作业

建筑施工中主要存在"四口"，即楼梯口、电梯井口、临时洞口和施工通道口。

（1）在洞口作业时，应采取防坠落措施，并应符合下列规定：

1）当垂直洞口短边边长小于 500mm 时，应采取封堵措施；当垂直洞口短边边长大于或等于 500mm 时，应在临空一侧设置高度不小于 1.2m 的防护栏杆，并应采用密目式安全立网或工具式栏板封闭，设置挡脚板；

2）当非垂直洞口短边尺寸为 25～500mm 时，应采用承载力满足使用要求的盖板覆盖，盖板四周搁置应均衡，且应防止盖板移位；

3）当非垂直洞口短边边长为 500～1500mm 时，应采用专项设计盖板覆盖（应能承受不小于 1.1kN/㎡ 的荷载），并应采取固定措施；

4）当非垂直洞口短边边长大于或等于 1500mm 时，应在洞口作业侧设置高度不小于 1.2m 的防护栏杆，并应采用密目式安全立网或工具式栏板封闭；洞口应采用安全平网封闭。

（2）电梯井口应设置防护门，其高度不应小于 1.5m，防护门底端距地面高度不应大于 50mm，并应设置挡脚板。进入电梯安装施工工序之前，同时井道内应每隔 10m 且不大于 2 层加设一道水平安全网。电梯井内的施工层上部，应设置隔离防护设施。

（3）墙面等处落地的竖向洞口、窗台高度低于 800mm 的竖向洞口及框架结构在浇注完混凝土没有砌筑墙体时的洞口，应按临边防护要求设置防护栏杆。

4. 防护栏杆

（1）临边作业的防护栏杆应由横杆、立杆及不低于 180mm 高的挡脚板组成，并应符合下列规定：

1）防护栏杆应为两道横杆，上杆距地面高度应为1.2m，下杆应在上杆和挡脚板中间设置。当防护栏杆高度大于1.2m时，应增设横杆，横杆间距不应大于600mm；

2）防护栏杆立杆间距不应大于2m。

（2）防护栏杆杆件的规格及连接，应符合下列规定：

1）当采用钢管作为防护栏杆杆件时，横杆及栏杆立杆应采用脚手钢管，并应采用扣件、焊接、定型套管等方式进行连接固定；

2）当采用原木作为防护栏杆杆件时，杉木杆稍径不应小于80mm，红松、落叶松稍径不应小于70mm；栏杆立杆木杆稍径不应小于70mm，并应采用8号镀锌铁丝或回火铁丝进行绑扎，绑扎应牢固紧密，不得出现泻滑现象。用过的铁丝不得重复使用；

3）当采用其他型材作防护栏杆杆件时，应选用与脚手钢管材质强度相当规格的材料，并应采用螺栓、销轴或焊接等方式进行连接固定。

（3）栏杆立杆和横杆的设置、固定及连接，应确保防护栏杆在上下横杆和立杆任何处，均能承受任何方向的最小1kN外力作用，当栏杆所处位置有发生人群拥挤、车辆冲击和物件碰撞等可能时，应加大横杆截面或加密立杆间距。防护栏杆立杆底端应固定牢固，并应符合下列规定：

1）当在基坑四周土体上固定时，应采用预埋或打入方式固定。当基坑周边采用板桩时，如用钢管做立杆，钢管立杆应设置在板桩外侧；

2）当采用木立杆时，预埋件应与木杆件连接牢固。

5. 攀登作业

攀登作业用梯常用的有便携式梯子、固定式单梯、折梯等三种，还有伸缩梯，支架梯、手推梯及竹梯等多种。梯子使用前，均应按有关标准检查和验算。常用梯子的构造要求如下：

（1）单梯不得垫高使用，防止受荷后下沉或不稳定，斜度不应过大，系防止作业时滑倒；使用时应与水平面成75°夹角，踏步不得缺失，其间距宜为300mm。

（2）折梯张开到工作位置的倾角应符合现行国家标准《便携式金属梯安全要求》GB 12142和《便携式木梯安全要求》GB 7059的有关规定，并应有整体的金属撑杆或可靠的锁定装置。

6. 悬空作业

（1）悬空作业应设有牢固的立足点，并应配置登高和防坠落的设施。严禁在未固定、无防护的构件及安装中的管道上作业或通行。

（2）构件吊装和管道安装时的悬空作业应符合下列规定：

1）钢结构吊装，构件宜在地面组装，安全设施应一并设置。吊装时，应在作业层下方设置一道水平安全网；

2）吊装钢筋混凝土屋架、梁、柱等大型构件前，应在构件上预先设置登高通道、操作立足点等安全设施；

3）在高空安装大模板、吊装第一块预制构件或单独的大中型预制构件时，应站在作业平台上操作；

4）当吊装作业利用吊车梁等构件作为水平通道时，临空面的一侧应设置连续的栏杆等防护措施。当采用钢索做安全绳时，钢索的一端应采用花兰螺栓收紧；当采用钢丝绳做安全绳时，绳的自然下垂度不应大于绳长的 1/20，并应控制在 100mm 以内；

5）钢结构安装施工宜在施工层搭设水平通道，水平通道二侧应设置防护栏杆，当利用钢梁作为水平通道时，应在钢梁一侧设置连续的安全绳，安全绳宜采用钢丝绳；

6）钢结构、管道等安装施工的安全防护设施宜采用标准化、定型化产品。

（3）模板支撑体系搭设和拆卸时的悬空作业，应符合下列规定：

1）模板支撑应按规定的程序进行，不得在连接件和支撑件上攀登上下，不得在上下同一垂直面上装拆模板；

2）在 2m 以上高处搭设与拆除柱模板及悬挑式模板时，应设置操作平台；

3）在进行高处拆模作业时应配置登高用具或搭设支架。

（4）绑扎钢筋和预应力张拉时的悬空作业应符合下列规定：

1）绑扎立柱和墙体钢筋，不得站在钢筋骨架上或攀登骨架；

2）在 2m 以上的高处绑扎柱钢筋时，应搭设操作平台；

3）在高处进行预应力张拉时，应搭设有防护挡板的操作平台。

（5）混凝土浇筑与结构施工时的悬空作业应符合下列规定：

1）浇筑高度 2m 以上的混凝土结构构件时，应设置脚手架或操作平台；

2）悬挑的混凝土梁、檐、外墙和边柱等结构施工时，应搭设脚手架或操作平台，并应设置防护栏杆，采用密目式安全立网封闭。

（6）屋面作业时应符合下列规定：

1）在坡度大于 1：2.2 的屋面上作业，当无外脚手架时，应在屋檐边设置不低于 1.5m 高的防护栏杆，并应采用密目式安全立网全封闭；

2）在轻质型材等屋面上作业，应搭设临时走道板，不得在轻质型材上行走；安装压型板前，应采取在梁下支设安全平网或搭设脚手架等安全防护措施。

（7）外墙作业时应符合下列规定：

1）门窗作业时，应有防坠落措施，操作人员在无安全防护措施情况下，不得站立在檩子、阳台栏板上作业；

2）高处安装、不得使用座板式单人吊具。

（8）当安装钢柱或钢结构时，应使用梯子或其他登高设施。当钢柱或钢结构接高时，应设置操作平台。当无电焊防风要求时，操作平台的防护栏杆高度不应小于 1.2m；有电焊防风要求时，操作平台的防护栏杆高度不应小于 1.8m。

（9）当安装三角形屋架时，应在屋脊处设置上下的扶梯；当安装梯形屋架时，应在两端设置上下的扶梯。扶梯的踏步间距不应大于 400mm。屋架弦杆安装时搭设的操作平台，应设置防护栏杆或用于作业人员拴挂安全带的安全绳。

（10）深基坑施工，应设置扶梯、入坑踏步及专用载人设备或斜道等，采用斜道时，应加设间距不大于 400mm 的防滑条等防滑措施。严禁沿坑壁、支撑或乘运土工具上下。

7. 操作平台

（1）操作平台的架体应采用钢管、型钢等组装，平台面铺设的钢、木或竹胶合板等材质的脚手板，应符合强度要求，并应平整满铺及可靠固定。

（2）操作平台投入使用时，应在平台的内侧设置标明允许负载值的限载牌，物料应及时转运，不得超重与超高堆放。

（3）移动式操作平台的架体构造及使用应满足以下要求：

1）面积不应超过 $10m^2$，高度不应超过 5m，高宽比不应大于 3∶1，施工荷载不应超过 $1.5kN/m^2$；

2）移动式操作平台的轮子与平台架体连接应牢固，立柱底端离地面不得超过 80mm，行走轮和导向轮应配有制动器或刹车闸等固定措施。

移动式操作平台在移动时，操作平台上不得站人。

（4）落地式操作平台的架体构造应符合下列规定：

1）落地式操作平台的面积不应超过 $10m^2$，高度不应超过 15m，高宽比不应大于 2.5∶1；

2）施工平台的施工荷载不应超过 $2.0kN/m^2$，接料平台的施工荷载不应超过 $3.0kN/m^2$；

3）落地式操作平台应独立设置，并应与建筑物进行刚性连接，不得与脚手架连接；

4）用脚手架搭设落地式操作平台时其结构构造应符合相关脚手架规范的规定。

（5）悬挑式操作平台的悬挑长度不宜大于 5m，承载力需经设计验收。安装后，外侧应略高于内侧，外侧应安装固定的防护栏杆并应设置防护挡板完全封闭。不同方式的技术要求如下：

1）采用斜拉方式的悬挑式操作平台应在平台两边各设置前后两道斜拉钢丝绳，每一道均应作单独受力计算和设置。钢丝绳应采用专用的卡环连接，钢丝绳卡数量应与钢丝绳直径相匹配，且不得少于 4 个；

2）采用支承方式的悬挑式操作平台，应在钢平台的下方设置不少于两道的斜撑，斜撑的一端应支承在钢平台主结构钢梁下，另一端支承在建筑物主体结构；

3）采用悬臂梁式的操作平台，应采用型钢制作悬挑梁或悬挑桁架，不得使用钢管，其节点应是螺栓或焊接的刚性节点，不得采用扣件连接。

8. 交叉作业

（1）施工现场立体交叉作业时，下层作业的位置，应处于坠落半径之外，坠落半径见表 2-27 的规定，模板、脚手架等拆除作业应适当增大坠落半径。当达不到规定坠落半径时或处于起重设备的起重机臂回转范围之内的作业区，应设置安全防护棚，下方应设置警戒隔离区。

坠落半径（m） 表 2-27

序号	上层作业高度(h)	坠落半径
1	$2 \leqslant h < 5$	3
2	$5 \leqslant h < 15$	4
3	$15 \leqslant h < 30$	5
4	$h \geqslant 30$	6

（2）防护棚是阻挡物体坠落，顶棚使用竹笆或胶合板搭设时，应采用双层搭设，间距不应小于 700mm；当使用木板时，可采用单层搭设，木板厚度不应小于 50mm，或可采用与木板等强度的其他材料搭设。当建筑物高度大于 24m 并采用木板搭设时，应搭设双

层防护棚，两层防护棚的间距不应小于 700mm。

9. 建筑施工安全网

（1）建筑施工安全网的选用应符合下列规定：

1）安全网的材质、规格、要求及其物理性能、耐火性、阻燃性应满足现行国家标准《安全网》GB 5725 的规定；

2）密目式安全立网的网目密度应为 10cm×10cm＝100cm^2 面积上大于或等于 2000 目。施工现场在使用密目式安全立网前，应检查产品分类标记、产品合格证、网目数及网体重量，确认合格方可使用。搭设时，每个开眼环扣应穿入系绳，系绳应绑扎在支撑架上，间距不得大于 450mm。相邻密目网间应紧密结合或重叠。

（2）当需采用平网进行防护时，严禁使用密目式安全立网代替平网使用。

（3）当立网用于龙门架、物料提升架及井架的封闭防护时，四周边绳应与支撑架贴紧，边绳的断裂张力不得小于 3kN，系绳应绑在支撑架上，间距不得大于 750mm。

（4）用于电梯井、钢结构和框架结构及构筑物封闭防护的平网应符合下列规定：

1）平网每个系结点上的边绳应与支撑架靠紧，边绳的断裂张力不得小于 7kN，系绳沿网边均匀分布，间距不得大于 750mm；

2）钢结构厂房和框架结构及构筑物在作业层下部应搭设平网，落地式支撑架应采用脚手钢管，悬挑式平网支撑架应采用直径不小于 9.3mm 的钢丝绳；

3）电梯井内平网网体与井壁的空隙不得大于 25mm。安全网拉结应牢固。

10. 安全防护设施的检查与验收

（1）各类安全防护设施，并应建立定期不定期的检查和维修保养制度，发现隐患应及时采取整改措施。

（2）需要临时拆除或变动安全防护设施时，应采取能代替原防护设施的可靠措施，作业后应立即恢复。

（3）安全防护设施的验收应按类别逐项检查，验收合格后方可使用，并应作出验收记录。验收内容应主要包括：

1）防护栏杆立杆、横杆及挡脚板的设置、固定及其连接方式；

2）攀登与悬空作业时的上下通道、防护栏杆等各类设施的搭设；

3）操作平台及平台防护设施的搭设；

4）防护棚的搭设；

5）安全网的设置情况；

6）安全防护设施构件、设备的性能与质量；

7）防火设施的配备；

8）各类设施所用的材料、配件的规格及材质；

9）设施的节点构造及其与建筑物的固定情况，扣件和连接件的紧固程度。

2.5.4　《建筑施工脚手架安全技术统一标准》GB 51210—2016

1. 主要技术内容

（1）脚手架结构设计应根据脚手架种类、搭设高度和荷载采用不同的安全等级。脚手架安全等级的划分应符合表 2-28 的规定。

脚手架的安全等级   表 2-28

落地作业脚手架		悬挑脚手架		满堂支撑脚手架(作业)		支承脚手架		安全等级
搭设高度 (m)	荷载标准值 (kN)	搭设高度 (m)	荷载标准值 (kN)	搭设高度 (m)	荷载标准值 (kN)	搭设高度 (m)	荷载标准值 (kN)	
≤40	—	≤20	—	≤16	—	≤8	≤15kN/m² 或≤20kN/m 或≤7kN/点	Ⅱ
>40	—	>20	—	>16	—	>8	≤15kN/m² 或≤20kN/m 或≤7kN/点	Ⅰ

注：1. 支撑脚手架的搭设高度、荷载中任一项不满足安全等级为Ⅱ级的条件时，其安全等级应划为Ⅰ级；

2. 附着式升降脚手架安全等级均为Ⅰ级；

3. 竹、木脚手架搭设高度在现行行业标准规定的限值内，其安全等级均为Ⅱ级。

(2) 在脚手架结构或构配件抗力设计值确定时，综合安全系数指标应满足式下列要求：

$$\beta = \gamma_0 \cdot \gamma_\mu \cdot \gamma_m \cdot \gamma'_m \tag{2-31}$$

强度：$\qquad\qquad \beta \geq 1.5 \tag{2-32}$

作业脚手架：$\qquad\qquad \beta \geq 2.0 \tag{2-33}$

支撑脚手架、新研制的脚手架：$\quad \beta \geq 2.2 \tag{2-34}$

式中　β——脚手架结构、构配件综合安全系数；

γ_0——结构重要性系数应根据本标准表3.2.3的规定取值；

γ_μ——永久荷载和可变荷载分项系数加权平均值，取为1.254（由可变荷载起控制作用的荷载基本组合）、1.363（由永久荷载起控制作用的荷载基本组合）；

γ_m——材料抗力分项系数；对于钢管脚手架应按现行国家标准《冷弯薄壁型钢结构技术规范》GB 50018的规定取1.165；

γ'_m——材料强度附加系数；构配件及节点连接强度取1.05；作业脚手架稳定承载力取1.40，支撑脚手架稳定承载力及新研制的脚手架稳定承载力取1.50。

(3) 脚手架结构重要性系数 γ_0，应按表2-29的规定取值。

脚手架结构重要性系数   表 2-29

结构重要性系数	承载能力极限状态设计	
	安全等级	
	Ⅰ	Ⅱ
γ_0	1.1	1.0

(4) 脚手架所使用的钢丝绳承载力应具有足够的安全储备，钢丝绳安全系数Ks取值应符合下列规定：

1) 重要结构用的钢丝绳安全系数不应小于9；

2) 一般结构用的钢丝绳安全系数应为6；

3) 用于手动起重设备的钢丝绳安全系数宜为4.5；用于机动起重设备的钢丝绳安全系数不应小于6；

4) 用作吊索，无弯曲时的钢丝绳安全系数不应小于6；有弯曲时的钢丝绳安全系数不应小于8；

5) 缆风绳用的钢丝绳安全系数宜为 3.5。

2. 材料、构配件

（1）脚手架所使用的型钢、钢板、圆钢、钢管应符合国家现行相关标准的规定，钢管外径、壁厚、外形允许偏差应符合表 2-30 的规定。

钢管外径、壁厚、外形允许偏差　　　　　　　　　　　　表 2-30

钢管直径(mm)　偏差项目	外径(mm)	壁厚	外形偏差		管端截面
			弯曲度(mm/m)	椭圆度(mm)	
≤20	±0.5	±1.0%·S	1.5	0.23	与轴线垂直、无毛刺
21～30					
31～40				0.38	
41～50			2		
51～70	±1.0%			7.5/1000·D	

注：S 为钢管壁厚；D 为钢管直径。

（2）脚手板应满足强度、耐久性和重复使用要求，底座和托座应经设计计算后加工制作，并应符合下列要求：

1) 底座的钢板厚度不得小于 6mm，托座 U 形钢板厚度不得小于 5mm，钢板与螺杆应采用环焊，焊缝高度不应小于钢板厚度，并宜设置加劲板；

2) 可调底座和可调托座螺杆插入脚手架立杆钢管的配合公差应小于 2.5mm；

3) 可调底座和可调托座螺杆与可调螺母啮合的承载力应高于可调底座和可调托座的承载力，应通过计算确定螺杆与调节螺母啮合的齿数，螺母厚度不得小于 30mm。

（3）脚手架挂扣式连接、承插式连接的连接件应有防止退出或防止脱落的措施。

（4）周转使用的脚手架杆件、构配件应制定维修检验标准，每使用一个安装拆除周期后，应及时检查、分类、维护、保养，对不合格品应及时报废。

3. 荷载与脚手架的设计

（1）脚手架的永久荷载应包含下列项目：

1) 脚手架结构件自重；

2) 脚手板、安全网、栏杆等附件的自重；

3) 支撑脚手架的支承体系自重；

4) 支撑脚手架之上的建筑结构材料及堆放物的自重；

5) 其他可按永久荷载计算的荷载。

自重值可按通用的理论重量及相关标准的规定取其荷载标准值。

（2）脚手架的可变荷载应包含施工荷载、风荷载、其他可变荷载。支撑脚手架上移动的设备、工具等物品应按其自重计算可变荷载标准值。

（3）脚手架上振动、冲击物体应按其自重乘以动力系数后取值计入可变荷载标准值，动力系数可取值为 1.35。

（4）作用于脚手架上的水平风荷载标准值，应按下式计算：

$$w_k = \mu_z \cdot \mu_s \cdot w_0 \tag{2-35}$$

式中　w_k——风荷载标准值（kN/m^2）；

　　　w_0——基本风压值（kN/m^2），应按现行国家标准《建筑结构荷载规范》GB 50009 的规定取重现期 n=10 对应的风压值；

μ_z——风压高度变化系数，应按现行国家标准《建筑结构荷载规范》GB 50009 的规定取用；

μ_s——风荷载体型系数，应按表 2-31 的规定取用。

脚手架风荷载体型系数 μ_s　　　　　　表 2-31

背靠建筑物的状况	全封闭墙	敞开、框架和开洞墙
全封闭作业脚手架	1.0Φ	1.3Φ
敞开式支撑脚手架	μ_{stw}	

注：1. Φ 为脚手架挡风系数，$\phi = 1.2 \dfrac{A_n}{A_w}$，其中：$A_n$ 为脚手架迎风面挡风面积（m²），A_w 为脚手架迎风面面积（m²）。

2. 当采用密目安全网全封闭时，取 $\Phi=0.8$，μ_s 最大值取 1.0。

3. μ_{stw} 为按多榀桁架确定的支撑脚手架整体风荷载体型系数，按现行国家标准《建筑结构荷载规范》GB 50009 的规定计算。

（5）脚手架结构及构配件承载能力极限状态设计时，应按下列规定采用荷载的基本组合：

1）作业脚手架荷载的基本组合应按表 2-32 的规定采用。

作业脚手架荷载的基本组合　　　　　　表 2-32

计算项目	荷载的基本组合
水平杆强度；附着式升降脚手架的水平支承桁架及固定吊拉杆强度；悬挑脚手架悬挑支承结构强度、稳定承载力	永久荷载＋施工荷载
立杆稳定承载力；附着式升降脚手架竖向主框架及附墙支座强度、稳定承载力	永久荷载＋施工荷载＋ψ_w 风荷载
连墙件强度、稳定承载力	风荷载＋N_0
立杆地基承载力	永久荷载＋施工荷载

注：1. N_0 为连墙件约束作业脚手架的平面外变形所产生的轴向力设计值。

2. ψ_w 为风荷载组合值系数。

2）支撑脚手架荷载的基本组合应按表 2-33 的规定采用。

支撑脚手架荷载的基本组合　　　　　　表 2-33

计算项目		荷载的基本组合
水平杆强度	由永久荷载控制的组合	永久荷载＋ψ_c 施工荷载及其他可变荷载
	由可变荷载控制的组合	永久荷载＋施工荷载＋ψ_c 其他可变荷载
立杆稳定承载力	由永久荷载控制的组合	永久荷载＋ψ_c 施工荷载及其他可变荷载＋ψ_w 风荷载
	由可变荷载控制的组合	永久荷载＋施工荷载＋ψ_c 其他可变荷载＋ψ_w 风荷载
支撑脚手架倾覆 立杆地基承载力		永久荷载＋施工荷载及其他可变荷载＋风荷载

注：1. 表中的"＋"仅表示各项荷载参与组合，而不表示代数相加；

2. ψ_c 为施工荷载、其他可变荷载组合值系数；

3. 强度计算项目包括连接强度计算；

4. 立杆稳定承载力计算在室内或无风环境下不组合风荷载；

5. 倾覆计算时，抗倾覆荷载组合计算不计入可变荷载。

（6）脚手架结构及构配件正常使用极限状态设计时，应按下列规定采用荷载的标准组合：

1）作业脚手架荷载的标准组合应按表 2-34 的规定采用；

作业脚手架荷载的标准组合 表 2-34

计算项目	荷载的标准组合
水平杆挠度	永久荷载
悬挑脚手架水平型钢悬挑梁挠度	

2）支撑脚手架荷载的标准组合应按表 2-35 的规定采用。

支撑脚手架荷载的标准组合 表 2-35

计算项目	荷载的标准组合
水平杆挠度	永久荷载

注：适用于支撑脚手架顶水平杆承重时的挠度计算。

（7）脚手架应根据架体构造、搭设部位、使用功能、荷载等因素确定设计计算内容，落地作业脚手架和支撑脚手架计算应包括下列内容：

1）落地作业脚手架：

①水平杆件抗弯强度、挠度，节点连接强度；

②立杆稳定承载力；

③地基承载力；

④连墙件强度、稳定承载力、连接强度；

⑤缆风绳承载力及连接强度。

2）支撑脚手架：

①水平杆件抗弯强度、挠度，节点连接强度；

②立杆稳定承载力；

③架体抗倾覆能力；

④地基承载力；

⑤连墙件强度、稳定承载力、连接强度；

⑥缆风绳承载力及连接强度。

（8）风荷载作用在支撑脚手架上的倾覆力矩计算（图 2-27），可取支撑脚手架的一列横向（取短边方向）立杆作为计算单元，作用于计算单元架体的倾覆力矩宜按下列公式计算：

$$M_{\mathrm{Ok}} = \frac{1}{2}H^2 q_{\mathrm{wk}} + HF_{\mathrm{wk}}$$

$$q_{\mathrm{wk}} = l_{\mathrm{a}} w_{\mathrm{fk}} \tag{2-36}$$

$$F_{\mathrm{wk}} = l_{\mathrm{a}} H_{\mathrm{m}} w_{\mathrm{mk}}$$

式中 M_{Ok}——支撑脚手架计算单元在风荷载作用下的倾覆力矩标准值（N·mm）；

H——支撑脚手架高度（mm）；

H_{m}——作业层竖向封闭栏杆（模板）高度（mm）；

q_{wk}——风线荷载标准值（N/mm）；

F_{wk}——风荷载作用在作业层栏杆（模板）上产生的水平力标准值（N）；

l_{a}——立杆（门架）纵向间距（mm）；

w_{fk}——支撑脚手架风荷载标准值（N/mm²），应以支撑脚手架整体风荷载体型系数 μ_{stw} 计算；

w_{mk}——竖向封闭栏杆（模板）的风荷载标准值（N/mm^2），封闭栏杆（含安全网）μ_s 宜取 1.0，模板 μ_s 应取 1.3。

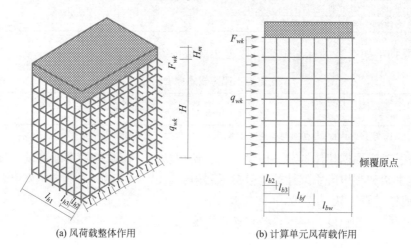

(a) 风荷载整体作用　　　　(b) 计算单元风荷载作用

图 2-27　风荷载作用示意

（9）在水平风荷载的作用下，支撑脚手架抗倾覆承载力应满足下式要求：

$$B^2 l_a (g_{1k} + g_{2k}) + 2\sum_{j=1}^{n} G_{jk} b_j \geqslant 3\gamma_0 M_{Ok} \qquad (2\text{-}37)$$

式中　g_{1k}——均匀分布的架体自重面荷载标准值（N/mm^2）；

　　　g_{2k}——均匀分布的架体上部的模板等物料自重面荷载标准值（N/mm^2）；

　　　G_{jk}——支撑脚手架计算单元上集中堆放的物料自重标准值（N）；

　　　b_j——支撑脚手架计算单元上集中堆放的物料至倾覆原点的水平距离（mm）。

4. 构造要求、搭设拆除及安全管理

（1）作业脚手架的宽度不应小于 0.8m，且不宜大于 1.2m。作业层高度不应小于 1.7m，且不宜大于 2.0m。

（2）支撑脚手架应设置竖向剪刀撑，并应符合下列规定：

1）安全等级为Ⅱ级的支撑脚手架应在架体周边、内部纵向和横向每隔不大于 9m 设置一道；

2）安全等级为Ⅰ级的支撑脚手架应在架体周边、内部纵向和横向每隔不大于 6m 设置一道；

3）竖向剪刀撑斜杆间的水平距离宜为 6～9m，剪刀撑斜杆与水平面的倾角应为 45°～60°。

（3）支撑脚手架应设置水平剪刀撑，并应符合下列规定：

1）安全等级为Ⅱ级的支撑脚手架宜在架顶处设置一道水平剪刀撑；

2）安全等级为Ⅰ级的支撑脚手架应在架顶、竖向每隔不大于 8m 各设置一道水平剪刀撑；

3）每道水平剪刀撑应连续设置，剪刀撑的宽度宜为 6～9m。

（4）当支撑脚手架同时满足下列条件时，可不设置竖向、水平剪刀撑：

1）搭设高度小于 5m，架体高宽比小于 1.5；

2）被支承结构自重面荷载不大于 5kN/m²；线荷载不大于 8kN/m；

3）杆件连接节点的转动刚度符合本标准要求；

4）立杆基础均匀，满足承载力要求。

（5）作业脚手架连墙件的安装必须符合下列规定：

1）连墙件的安装必须随作业脚手架搭设同步进行，严禁滞后安装；

2）当作业脚手架操作层高出相邻连墙件2个步距及以上时，在上层连墙件安装完毕前，必须采取临时拉结措施。

（6）严禁将支撑脚手架、缆风绳、混凝土输送泵管、卸料平台及大型设备的支承件等固定在作业脚手架上。严禁在作业脚手架上悬挂起重设备。

（7）脚手架的拆除作业必须符合下列规定：

1）架体的拆除应从上而下逐层进行，严禁上下同时作业；

2）同层杆件和构配件必须按先外后内的顺序拆除；剪刀撑、斜撑杆等加固杆件必须在拆卸至该杆件所在部位时再拆除；

3）作业脚手架连墙件必须随架体逐层拆除，严禁先将连墙件整层或数层拆除后再拆架体。拆除作业过程中，当架体的自由端高度超过2个步距时，必须采取临时拉结措施。

2.5.5 《施工现场机械设备检查技术规范》JGJ 160—2016

1. 修订的主要技术内容

（1）动力设备增加了柴油发电机组

1）安装环境应选择靠近负荷中心、进出线方便、周边道路畅通及避开污染源的下风侧和易积水的地方。

2）严禁与外电线路并列运行，且应采取电气隔离措施与外电线路互锁。当两台及以上发电机组并列运行时，必须装设同步装置，且应在机组同步后再向负载供电。

3）电气系统应符合下列规定：

①柴油发电机组应采用电源中性点直接接地的三相四线制供电系统和独立设置的与原供电系统一致的接零保护系统，接地体（线）连接应正确、牢固，接地装置敷设应符合现行行业标准《施工现场临时用电安全技术规范（附条文说明）》JGJ 46的规定；

②柴油发电机组配电线路连接后，两端的相序应与原供电系统的相序一致；

③柴油发电机组至低压配电装置配电线路的相间、相地间的绝缘应良好，且绝缘电阻值应大于0.5MΩ；

④励磁调压、灭弧装置和继电保护装置应齐全、可靠；

⑤供电系统应设置电源隔离开关及短路、过载和漏电保护电器；电源隔离开关分断时应有明显可见的分断点。

4）空气压缩机的安全装置应符合下列规定：

①各安全阀动作应灵敏可靠；

②自动调节器调节功能应良好；

③压力表应灵敏可靠，计测应正确，且应在检定期内。

（2）土方及筑路机械增加了挖掘装载机、液压破碎锤、沥青洒布车、打夯机、洒水车、铣刨机、水泥混凝土滑模摊铺机。

（3）桩工机械增加了全套管钻机、旋挖钻机、深层搅拌机。

（4）高空作业设备增加了自行式高空作业平台

1）移动式升降作业平台的力矩限制器、荷载限制器、倾斜报警装置以及各种行程限位开关等安全保护装置应完好齐全，灵敏可靠，不得随意调整或拆除。

2）移动式升降作业平台的主要承载结构件应无裂缝、损伤及永久变形等。

3）各种运动机构应符合下列规定：

①转向应灵活、操作应轻便，不应有阻滞；

②转向连杆不应有裂纹、损伤；

③臂架的起升、伸缩及回转不应有爬行、冲击、抖动；

④移动式升降作业平台的支腿、伸缩轴等稳定器应能伸展、锁定可靠；

⑤各部位润滑装置应齐全，润滑应良好。

4）控制系统应符合下列规定：

①互锁控制和急停功能应灵敏可靠；

②脚踏开关应没有被改动、关闭或阻拦；动作开关或控制手柄、杆均可自动返回空挡位置；

③平台控制、地面控制模式切换功能应灵敏可靠；

④设备互锁控制和作业幅度范围控制系统应工作正常；

⑤紧急下降功能应可靠有效。

5）制动系统各管路、部件连接应可靠；运行制动和停车制动应可靠有效。

（5）混凝土机械增加了混凝土振捣器、混凝土布料机、混凝土真空吸水机。

（6）焊接技术增加了埋弧焊机的相关规定

1）传动机构应符合下列规定：

①减速箱油槽中的润滑油量、油质应符合使用说明书要求；

②送丝滚轮沟槽、齿纹应完好，滚轮和导电嘴（块）应接触良好，不应有磨损；

③软管式送丝机的软管槽孔应清洁，应定期吹洗。

2）电气系统应符合下列规定：

①焊接导线长度不应大于 30m，截面积不应小于 $50mm^2$；

②电源及控制电路定时应准确，允许误差不应大于 5%；

③电源电缆和控制电缆连接应正确、牢固；控制箱的外壳应可靠接地；控制箱的外壳和接线板上的罩壳应盖好。

（7）钢筋加工机械增加了数控钢筋弯箍机。

（8）木工机械增加了圆盘锯

1）锯片不得有裂口和裂纹，不得有 2 个及以上连续缺齿，圆盘锯应装设分料器，锯片上方应有防护罩和防护挡板。

2）应采用单向控制按钮开关，不得使用倒顺开关。

（9）砂浆机械中增加了砂浆搅拌机、砂浆输送泵、砂浆喷射机组、砂浆抹光机

1）电动机的碳刷与滑环接触应良好，转动中不应有异响、漏电，绝缘性能应符合使用说明书规定，其绝缘电阻值不应小于 0.5MΩ。在运转中电动机轴承允许最高温度取值应为：滑动轴承 80℃，滚动轴承 95℃；正常温度取值应为：滑动轴承 40℃，滚动轴承 55℃。

2）砂浆输送泵安全装置应符合下列规定：

①砂浆输送泵宜配备手动卸料装置或具备反泵功能，并应具备安全保护功能，在输送

装置超压时，应能自动卸料减压或自动停机；

②液压系统中应设有过载和液压冲击的安全装置；安全溢流阀的调整压力不得大于系统规定工作压力的 110%；系统的工作压力不得大于液压泵的额定压力；

③安全阀及过载保护装置应齐全、灵敏、有效；压力表应有效且在定检期内；

④漏电保护器参数应匹配，安装应正确，动作应灵敏可靠。

3）砂浆喷射机组气压系统应符合下列规定：

①送风空压机作业时储气罐压力不应超过铭牌额定压力，进气阀、排气阀、轴承及各部件不应有异响、过热；

②电动空压机的压力调节器、减荷阀和机动空压机的额定载荷调节器工作应有效可靠，在各气动部件分别或同时工作时，工作压力应符合使用说明书规定；

③电磁阀及气压元件应符合使用说明书规定，且动作应灵敏可靠，气动传输管道路应完好，不应漏气；

④喷枪上应设置空气流量调节阀。

4）砂浆喷射机组安全装置应符合下列规定：

①空压机的安全阀应灵敏可靠，压力应符合使用说明书的要求；

②各安全限位装置应齐全，完好有效；

③报警提示装置应完好有效。

5）砂浆抹光机安全防护装置应符合下列规定：

①抹盘罩壳应具有足够的强度，能有效地起到防护作用；

②动力驱动的齿轮、皮带等，应有防护罩或其他附加装置进行防护；

③当采用内燃机作动力时，动力排气管口不得指向操作人员。

2. 非开挖机械

（1）隧道施工应选用特殊构造的加强型电器或高等级绝缘电器；在隧道施工中，电器防爆等级应与作业环境相适应。高海拔地区应选用高原电器。

（2）顶管机

1）旋转挖掘系统应符合下列规定：

①旋转挖掘系统切削刀头、超挖刀、仿形刀等磨损应在允许范围内；

②切削刀盘的扭矩输出应正常，土砂密封件应完好，各部轴承的润滑应良好；

③纠偏系统溢流阀、电磁换向阀、纠偏液压缸不应有内泄。

2）主顶液压推进系统应符合下列规定：

①液压泵工作应正常，液压系统应能达到规定压力；

②主顶液压泵、主顶液压缸不应有内泄和爬行现象；

③溢流阀工作应正常，不应有失灵现象。

3）泥土输送系统应符合下列规定：

①螺旋轴轴颈密封环应完好；

②螺旋泥土输送机土压不应大于减速器箱体内压力；

③主顶顶进过程中，主顶动力站各油管接头、电磁阀应良好，后顶压力应正常，应无漏油现象。

4）泥水平衡式顶管机泥水处理装置应符合下列规定：

①进回水管、压浆管道应完好，工作坑内的进回水阀、压浆阀工作应正常；

②机头和操作台之间的指令和信号传输应正常；

③当启动进水泵或回水泵时，回水管出水应正常，机头内回水压力应平稳；

④当打开截止阀、关闭旁通阀时，应查看压力表读数，打通回路后，检查泥水仓压力应正常。

5）注浆系统应符合下列规定：

①注浆管路上的控制阀响应应灵敏，注浆材料不应凝固堵塞控制阀；空气驱动阀的供给空气压力及流量应正常；

②注浆压力值应正常，注浆材料余量应充足，不得凝固、堵塞注浆管路；

③注浆泵应运转正常，注浆泵内部注浆材料不应凝固；

④集中润滑给脂压力应正常，各部位润滑应良好。

（3）盾构机

1）变压器应符合下列规定：

①高压电缆外表不得有破损、老化，电缆敷设卡固应牢靠，电缆侧盖密封应良好；

②变压器接零和密封应良好，不得泄露。

2）电器系统应符合下列规定：

①数据采集系统工作应正常，各部位传感器应灵敏可靠；

②所有回路与大地间绝缘电阻值应符合使用说明书规定。

3）壳体应符合下列规定：

①盾体内径、外径尺寸应在允许范围内，各部位钢结构厚度应符合使用说明书规定；

②盾尾止水带应密封良好；盾尾密封油质注入系统工作应正常；各种管道和阀门应完好，不得堵塞；

③注浆设备功能应正常，注浆管路内不得固结。

4）导向装置应符合下列规定：

①导向装置性能应良好，定位应准确，并应在检定有效期内使用；

②应定期用人工测量方法对导向系统数据进行复核；

③系统测站点和后视点的支架应稳固，不应晃动。

5）开挖系统应符合下列规定：

①刀盘开口度应符合使用说明书规定的允许范围；刀盘密封油脂密封性能良好；

②刀具不应偏磨、崩刃，磨损应符合生产厂家规定的允许范围；刀体应能自由转动，刀具与刀座连接应牢固，刀座与刀盘焊缝不应有缺陷及开裂；

③驱动系统正转、反转、速度调节等功能应正常；

④压力舱开口、盾壳阀门等不应缺损或堵塞；

⑤超挖装置调整应灵敏可靠，应能准确控制超挖量和超挖范围；

⑥发泡装置工作应正常。

6）推进系统应符合下列规定：

①各推进油缸安装应牢固，推进速度、行程、压力应达到使用说明书规定要求；

②铰接系统伸出、缩回动作行程应显示正确，应符合生产厂家规定要求；

③主轴承润滑油脂系统工作应正常；轴承止水带安装应牢固，密封应良好。

7）管片安装机构应符合下列规定：

①管片安装机构前后运动、回旋、伸缩等动作应灵活，推压力、旋转速度、前后滑动距离应符合使用说明书规定；

②真圆度保持器工作应正常；

③管片储存装置运转应正常。

8）入仓应符合下列规定：

①密封面应完整，密封应良好；

②显示仪、条形记录仪、热系统、温度计、密封阀等所有部件功能应正常；时钟、电话和紧急电话应能正常工作。

9）后续台车应符合下列规定：

①台车专用轨道铺设应平顺、牢固，轨距应符合台车运转要求，轨道上应无障碍；

②各台车工作性能、制动性能应良好，应能平稳运转。

10）后配套管线应符合下列规定：

①电缆位置应合理可靠，应能防止被突出物损坏；电缆应有足够的存储量；

②掘进机与台车之间软管、电线连接应正常；

③水管卷筒应能正常工作，且有足够存储量。

11）通风、给水排水设备应符合下列规定：

①通风管道安装应牢固，不应有破损；连接处密封应良好；

②送风量应符合设计规定要求，消声器应能正常工作；

③给水排水设备水泵、阀门等性能应良好，管道不得有破损；

④应有性能良好的备用设备，并定期检查。

12）气路系统应符合下列规定：

①安全阀和油水分离装置工作应正常，安全阀压力应按要求调整，系统最低压力不应低于使用说明书规定要求；

②控制阀动作灵敏、可靠，不应漏气；

③储气筒及气压元件应符合生产厂家规定要求。

13）安全保护装置应符合下列规定：

①防护设施、供紧急情况使用的避险、避难设备器具、急救设备器材、应急医疗设备应齐全，且应在有效期内，并应定期检查和及时维修更换；

②消防、防火设备应齐全且在有效期内，并定期检查，及时维修更换；

③瓦斯等有害气体监测、记录、报警装置应能正常工作；

④升降装置、安全扶手应安全可靠。

14）土压平衡盾构机应符合下列规定：

①传送带驱动马达性能应良好，张紧装置应能适合规定的曲线；

②螺旋输送机运转应正常，伸缩机构工作应正常，观测窗口不应堵塞；

③压力传感器显示应正确；

④卸土门在动力失去时应能紧急关闭。

15）泥水加压盾构机应符合下列规定：

①泥水循环机泥水处理系统工作应正常；

②泥浆设备与泥水分离系统运转应正常，泥浆泵、分离机、振动筛性能应良好，工作压力应正常；

③送泥水管、排泥水管管道密封性能良好，不应有严重磨损或堵塞；

④砾石破碎设备性能应良好，应符合使用说明书规定要求；

⑤流量监控装置性能良好。

16）硬岩隧道掘进机应符合下列规定：

①应有完善的设备管理体系和状态监测、故障诊断手段；施工中每天必须进行定时保养；

②激光定位系统、刀具、主轴承、推进系统、支撑系统、皮带输送机、溜碴槽、水供应系统、机械、液压、电气系统等应无故障作业；

③刀盘、主机系统和设备桥焊缝应无裂纹和断裂情况，刀具、电机、除尘风机等连接应牢固；

④电器系统、控制系统等防潮措施应完善，不应使用滑轨接触式电源，并应加强对相关部位绝缘的测量；

⑤应对主轴承润滑油进行油样分析或采用内窥镜监视、涡流监测，主轴承工作应可靠；

⑥应对驱动电机采用红外测温、电流和振动监测，工作应可靠；

⑦应对液压泵站系统的压力、流量、温度、噪声等监测，宜对液压油进行油样检测；

⑧应检查皮带机驱动滚筒轴承座的温升、噪声及驱动元件；皮带机应无跑偏现象，被动滚筒和带面应完好，刮板与带面贴合性应良好；

⑨吊机、风机、除尘、混凝土系统工作性能应良好；

⑩锚杆钻机、混凝土泵、仰拱块吊机等辅助系统的故障，应及时排除。

（4）凿岩台车

整机应符合下列规定：

1）凿岩台车工作时支腿应稳定可靠；电动机运行应正常，应无异响及过热；轮胎应无破裂及严重磨损；轮轨式轨道铺设线路应平稳平顺，且止轮设施应齐全；

2）凿岩机拉紧螺栓、安装螺栓、蓄能器螺栓和阀盖螺栓等连接应牢靠紧固，不应有松动；各软管接头应牢靠，应无泄漏；

3）凿岩机蓄能器充气压力应符合使用说明书要求，隔膜不得破裂；

4）凿岩机冲洗水压和润滑空气压力应正常，润滑器应保持适量的润滑油；

5）凿岩机在滑架上应能沿推进器全长滑动；推进器延伸油缸动作应准确，快慢适度；

6）钻臂应保持垂直面内的平行度，工作应平稳，动作应灵敏准确；

7）电气系统配电箱和控制盘应有防水装置，漏电保护器动作应灵敏可靠；

8）钻杆衬套不得有明显磨损，钻杆不得有弯曲变形，导向应良好，无摆动现象；钎尾接头应完好，不得破裂。

第6节 建设工程施工管理

2.6.1 《建设工程项目管理规范》GB/T 50326—2017

1. 增加项目管理的基本规定，确立了"项目范围管理、项目管理流程、项目管理制

度、项目系统管理、项目相关方管理和项目持续改进"六大管理特征

（1）应识别项目需求和项目范围，根据自身项目管理能力、相关方约定及项目目标之间的内在联系，确定项目管理目标。

（2）应遵循策划、实施、检查、处置的动态管理原理，确定项目管理流程，建立项目管理制度，实施项目系统管理，持续改进管理绩效，提高相关方满意水平，确保实现项目管理目标。

2. 增加"五位一体（建设、勘察、设计、施工、监理）相关方"的项目管理责任

（1）建设工程项目各实施主体和参与方法定代表人应书面授权委托项目管理机构负责人，并实行项目负责人责任制。

（2）项目管理机构负责人应根据法定代表人的授权范围、期限和内容，履行管理职责。

（3）项目管理机构应由项目管理机构负责人领导，接受组织职能部门的指导、监督、检查、服务和考核，负责对项目资源进行合理使用和动态管理。

（4）项目建设相关责任方的项目管理团队之间应围绕项目目标协同工作并有效沟通。

（5）项目管理机构负责人应统一团队思想，增强集体观念，和谐团队氛围，提高团队运行效率。

3. 增加项目设计与技术管理

（1）项目管理机构应根据项目实施过程中不同阶段目标的实现情况，对项目设计与技术管理工作进行动态调整，并对项目设计与技术管理的过程和效果进行分层次、分类别的评价。

（2）设计管理应根据项目实施过程，划分下列阶段：

1）项目方案设计；

2）项目初步设计；

3）项目施工图设计；

4）项目施工；

5）项目竣工验收与竣工图；

6）项目后评价。

（3）项目方案设计阶段，项目管理机构应配合建设单位明确设计范围、划分设计界面、设计招标工作，确定项目设计方案，做出投资估算，完成项目方案设计任务。

（4）项目初步设计阶段，项目管理机构应完成项目初步设计任务，做出设计概算，或对委托的设计承包人初步设计内容实施评审工作，并提出勘察工作需求，完成地勘报告申报管理工作。项目施工图设计阶段，项目管理机构应根据初步设计要求，组织完成施工图设计或审查工作，确定施工图预算，并建立设计文件收发管理制度和流程。

（5）项目施工阶段，项目管理机构应编制施工组织设计，组织设计交底、设计变更控制和深化设计，根据施工需求组织或实施设计优化工作，组织关键施工部位的设计验收管理工作。

（6）项目竣工验收与竣工图阶段，项目管理机构应组织项目设计负责人参与项目竣工

验收工作，并按照约定实施或组织设计承包人对设计文件进行整理归档，编制竣工决算，完成竣工图的编制、归档、移交工作。

（7）项目后评价阶段，项目管理机构应实施或组织设计承包人针对项目决策至项目竣工后运营阶段设计工作进行总结，对设计管理绩效开展后评价工作。

（8）项目管理机构应实施项目技术管理策划，确定项目技术管理措施。包括下列主要内容：

1）技术规格书；

2）技术管理规划；

3）施工组织设计、施工措施、施工技术方案；

4）采购计划。

（9）技术规格书应包括下列内容：

1）分部、分项工程实施所依据标准；

2）工程的质量保证措施；

3）工程实施所需要提交的资料；

4）现场小样制作、产品送样与现场抽样检查复试；

5）工程所涉及材料、设备的具体规格、型号与性能要求，以及特种设备的供货商信息；

6）各工序标准、施工工艺与施工方法；

7）分部、分项工程质量检查验收标准。

（10）项目技术管理规划应明确下列内容：

1）技术管理目标与工作要求；

2）技术管理体系与职责；

3）技术管理实施的保障措施；

4）技术交底要求，图纸自审、会审，施工组织设计与施工方案，专项施工技术，新技术的推广与应用，技术管理考核制度；

5）各类方案、技术措施报审流程；

6）根据项目内容与项目进度需求，拟编制技术文件、技术方案、技术措施计划及责任人；

7）新技术、新材料、新工艺、新产品的应用计划；

8）对设计变更及工程洽商实施技术管理制度；

9）各项技术文件、技术方案、技术措施的资料管理与归档。

（11）项目技术规格书、技术管理规划的实施过程应符合下列要求：

1）识别实施方案需求，制定相关实施方案；

2）确保实施方案充分、适宜，并得到有效落实。必要时，应组织进行评审和验证；

3）评估工程变更对实施方案的影响，采取相应的变更控制；

4）检查实施方案的执行情况，明确相关改进措施。

4. 增加项目管理绩效评价

（1）项目管理绩效评价可在项目管理相关过程或项目完成后实施，评价过程应公开、公平、公正，评价结果应符合规定要求。

（2）项目管理绩效评价应采用适合工程项目特点的评价方法，过程评价与结果评价相配套，定性评价与定量评价相结合。

（3）项目管理绩效评价应包括下列过程：

1）成立绩效评价机构；

2）确定绩效评价专家；

3）制定绩效评价标准；

4）形成绩效评价结果。

（4）项目管理绩效评价应包括下列内容：

1）项目管理特点；

2）项目管理理念、模式；

3）主要管理对策、调整和改进；

4）合同履行与相关方满意度；

5）项目管理过程检查、考核、评价；

6）项目管理实施成果。

（5）项目管理绩效评价应具有下列指标：

1）项目质量、安全、环保、工期、成本目标完成情况；

2）供方（供应商、分包商）管理的有效程度；

3）合同履约率、相关方满意度；

4）风险预防和持续改进能力；

5）项目综合效益。

（6）项目管理绩效评价的结论，宜分为优秀、良好、合格、不合格四个等级。

（7）不同等级的项目管理绩效评价结果应分别与相关改进措施的制定相结合，管理绩效评价与项目改进提升同步，确保项目管理绩效的持续改进。

5. 修改项目管理规划，增加项目管理配套策划要求

（1）项目管理策划应由项目管理规划策划和项目管理配套策划组成。项目管理策划应包括下列管理过程：

1）分析、确定项目管理的内容与范围；

2）协调、研究、形成项目管理策划结果；

3）检查、监督、评价项目管理策划过程；

4）履行其他确保项目管理策划的规定责任。

（2）项目管理策划应遵循下列程序：

1）识别项目管理范围；

2）进行项目工作分解；

3）确定项目的实施方法；

4）规定项目需要的各种资源；

5）测算项目成本；

6）对各个项目管理过程进行策划。

（3）项目管理策划过程应符合下列规定：

1）项目管理范围应包括完成项目的全部内容，并与各相关方的工作协调一致；

2）项目工作分解结构应根据项目管理范围，以可交付成果为对象实施；应根据项目实际情况与管理需要确定详细程度，确定工作分解结构；

3）提供项目所需资源应按保证工程质量和降低项目成本的要求进行方案比较；

4）项目进度安排应形成项目总进度计划，宜采用可视化图表表达；

5）宜采用量价分离的方法，按照工程实体性消耗和非实体性消耗测算项目成本；

6）应进行跟踪检查和必要的策划调整；项目结束后，宜编写项目管理策划的总结文件。

6. 修改项目采购管理，增加项目招标、投标过程的管理要求

（1）招标采购应确保实施过程符合法律、法规和经营的要求。

（2）组织应根据投标项目需求进行分析，确定下列投标计划内容：

1）投标目标、范围、要求与准备工作安排；

2）投标工作各过程及进度安排；

3）投标所需要的文件和资料；

4）与代理方以及合作方的协作；

5）投标风险分析及信息沟通；

6）投标策略与应急措施；

7）投标监控要求。

（3）组织应根据招标和竞争需求编制包括下列内容的投标文件：

1）响应招标要求的各项商务规定；

2）有竞争力的技术措施和管理方案；

3）有竞争力的报价。

（4）投标文件评审应包括下列内容：

1）商务标满足招标要求的程度；

2）技术标和实施方案的竞争力；

3）投标报价的经济合理性；

4）投标风险的分析与应对。

7. 修改项目质量管理，增加质量创优与设置质量控制点的要求

（1）项目质量创优控制宜符合下列规定：

1）明确质量创优目标和创优计划；

2）精心策划和系统管理；

3）制定高于国家标准的控制准则；

4）确保工程创优资料和相关证据的管理水平。

（2）对项目质量计划设置的质量控制点，项目管理机构应按规定进行检验和监测。质量控制点可包括下列内容：

1）对施工质量有重要影响的关键质量特性、关键部位或重要影响因素；

2）工艺上有严格要求，对下道工序的活动有重要影响的关键质量特性、部位；

3）严重影响项目质量的材料质量和性能；

4）影响下道工序质量的技术间歇时间；

5）与施工质量密切相关的技术参数；

6）容易出现质量通病的部位；

7）紧缺工程材料、构配件和工程设备或可能对生产安排有严重影响的关键项目；

8）隐蔽工程验收。

8. 修改项目信息管理，增加项目文件与档案管理、项目信息技术应用和知识管理要求

（1）项目文件与档案管理宜应用信息系统，重要项目文件和档案应有纸介质备份。

（2）文件与档案宜分类、分级进行管理，保密要求高的信息或文件应按高级别保密要求进行防泄密控制，一般信息可采用适宜方式进行控制。

（3）项目信息系统宜基于互联网并结合下列先进技术进行建设和应用：

1）建筑信息模型；

2）云计算；

3）大数据；

4）物联网。

（4）项目信息系统应包括下列应用功能：

1）信息收集、传送、加工、反馈、分发、查询的信息处理功能；

2）进度管理、成本管理、质量管理、安全管理、合同管理、技术管理及相关的业务处理功能；

3）与工具软件、管理系统共享和交换数据的数据集成功能；

4）利用已有信息和数学方法进行预测、提供辅助决策的功能；

5）支持项目文件与档案管理的功能。

（5）项目信息系统应具有下列安全技术措施：

1）身份认证；

2）防止恶意攻击；

3）信息权限设置；

4）跟踪审计和信息过滤；

5）病毒防护；

6）安全监测；

7）数据灾难备份。

（6）知识管理与信息管理有机结合，并纳入项目管理过程。宜获得下列知识：

1）知识产权；

2）从经历获得的感受和体会；

3）从成功和失败项目中得到的经验教训；

4）过程、产品和服务的改进结果；

5）标准规范的要求；

6）发展趋势与方向。

2.6.2 《建设项目工程总承包管理规范》GB/T 50358—2017

1. 修订的主要技术内容是：

（1）删除了原规范"工程总承包管理内容与程序"一章，其内容并入相关章节条文说明；

（2）新增加了"项目风险管理""项目收尾"两章；

（3）将原规范相关章节的变更管理统一归集到项目合同管理一章。

2. 规范编制目的及适用范围

提高建设项目工程总承包管理水平，促进建设项目工程总承包管理的规范化，推进建设项目工程总承包管理与国际接轨。

3. 工程总承包管理的组织

（1）工程总承包企业承担建设项目工程总承包，宜采用矩阵式管理。项目部应由项目经理领导，并接受工程总承包企业职能部门指导、监督、检查和考核。

（2）项目部的设立应包括下列主要内容：

1）根据工程总承包企业管理规定，结合项目特点，确定组织形式，组建项目部，确定项目部的职能；

2）根据工程总承包合同和企业有关管理规定，确定项目部的管理范围和任务；

3）确定项目部的组成人员、职责和权限；

4）工程总承包企业与项目经理签订项目管理目标责任书。

（3）项目部可在项目经理以下设置控制经理、设计经理、采购经理、施工经理、试运行经理、财务经理、质量经理、安全经理、商务经理、行政经理等职能经理和进度控制工程师、质量工程师、安全工程师、合同管理工程师、费用估算师、费用控制工程师、材料控制工程师、信息管理工程师和文件管理控制工程师等管理岗位，并明确所设置岗位职责。

4. 项目策划

（1）项目部应在项目初始阶段开展项目策划工作，策划的范围宜涵盖项目活动的全过程所涉及的全要素。根据项目的规模和特点，可以分别编制项目管理计划和项目实施计划，或者将项目管理计划和项目实施计划合并编制为项目计划。

（2）项目管理计划应由项目经理组织编制，并由工程总承包企业相关负责人审批，且应包括下列主要内容：

1）项目概况；

2）项目范围；

3）项目管理目标；

4）项目实施条件分析；

5）项目的管理模式、组织机构和职责分工；

6）项目实施的基本原则；

7）项目协调程序；

8）项目的资源配置计划；

9）项目风险分析与对策；

10）合同管理。

（3）项目实施计划应由项目经理组织编制，并经项目发包人认可，且应包括下列主要内容：

1）概述；

2）总体实施方案；

3）项目实施要点；

4）项目初步进度计划等。

5. 项目设计管理

（1）设计管理应由设计经理负责，并适时组建项目设计组。设计组应执行已批准的设计执行计划，满足计划控制目标的要求。

（2）设计执行计划应由设计经理或项目经理负责组织编制，经工程总承包企业有关职能部门评审后，由项目经理批准实施。同时，设计执行计划应满足以下要求：

1）满足合同约定的质量目标和要求，同时应符合工程总承包企业的质量管理体系要求；

2）明确项目费用控制指标、设计人工时指标，并宜建立项目设计执行效果测量基准；

3）符合项目总进度计划的要求，满足设计工作的内部逻辑关系及资源分配、外部约束等条件，与工程勘察、采购、施工和试运行的进度协调一致。

（3）初步设计文件应满足主要设备、材料订货和编制施工图设计文件的需要；施工图设计文件应满足设备、材料采购，非标准设备制作和施工以及试运行的需要。

（4）设计选用的设备、材料，应在设计文件中注明其规格、型号、性能、数量等技术指标，其质量要求应符合合同要求和国家现行相关标准的有关规定。

（5）在施工前，项目部应组织设计交底或培训。

（6）设计经理应组织编制设计完工报告，并参与项目完工报告的编制工作，将项目设计的经验与教训反馈给工程总承包企业有关职能部门。

6. 项目采购管理

（1）一般应由采购经理负责，并适时组建项目采购组。在项目实施过程中，采购经理应接受项目经理和工程总承包企业采购管理部门的管理。

（2）采购组应按采购执行计划开展工作。采购经理应对采购执行计划的实施进行管理和监控。

（3）采买工程师应根据采购执行计划确定的采买方式实施采买。根据工程总承包企业授权，可由项目经理或采购经理按规定与供应商签订采购合同或订单。

（4）采购经理应组织相关人员，根据设备、材料的重要性划分催交与检验等级，确定催交与检验方式和频度，制定催交与检验计划并组织实施。

（5）采购组应依据采购合同约定，对包装和运输过程进行监督管理。

7. 项目施工管理

（1）施工管理应由施工经理负责，并适时组建施工组。在项目实施过程中，施工经理应接受项目经理和工程总承包企业施工管理部门的管理。

（2）施工执行计划应由施工经理负责组织编制，经项目经理批准后组织实施，并报项目发包人确认。

（3）施工组应根据施工执行计划组织编制施工进度计划，并实施和控制。

（4）施工组应根据项目施工执行计划，估算施工费用，确定施工费用控制基准。施工费用控制基准调整时，应按规定程序审批。

（5）施工组应监督施工过程的质量，并对特殊过程和关键工序进行识别与质量控制，并应保存质量记录。

（6）施工组应根据项目安全管理实施计划进行施工阶段安全策划，编制施工安全计划，建立施工安全管理制度，明确安全职责，落实施工安全管理目标。

（7）施工组应根据施工执行计划的要求，进行施工开工前的各项准备工作，并在施工过程中协调管理。

（8）施工组应根据合同变更的内容和对施工的要求，对质量、安全、费用、进度、职业健康和环境保护等的影响进行评估，并应配合项目部实施和控制。

8. 项目风险管理

（1）工程总承包企业应制定风险管理规定，项目部应编制项目风险管理程序，即风险识别、风险评估、风险控制。

（2）项目风险管理应贯穿于项目实施全过程，项目部制定项目风险管理计划，确定项目风险管理目标，采用适用的方法和工具。

9. 项目资源管理

工程总承包企业应建立并完善项目资源管理机制，在满足实现工程总承包项目的质量、安全、费用、进度以及其他目标需要的基础上，进行项目资源的优化配置。

10. 项目沟通与信息管理

（1）工程总承包企业应建立项目沟通与信息管理系统，制定沟通与信息管理程序和制度。

（2）项目部应根据项目规模、特点与工作需要，设置专职或兼职项目信息管理和文件管理控制岗位。

（3）项目部应根据工程总承包项目的特点，以及项目相关方不同的需求和目标，采取协调措施。

（4）项目部应按档案管理标准和规定，将设计、采购、施工和试运行阶段形成的文件和资料进行归档，档案资料应真实、有效和完整。

11. 项目合同管理

（1）工程总承包企业的合同管理部门应负责项目合同的订立，对合同的履行进行监督，并负责合同的补充、修改和（或）变更、终止或结束等有关事宜的协调与处理。

（2）项目部应组织分包合同的评审，确定最终的合同文本，按工程总承包企业规定或经授权订立分包合同。

12. 项目收尾

项目收尾工作宜包括下列主要内容：

（1）依据合同约定，项目承包人向项目发包人移交最终产品、服务或成果；

（2）依据合同约定，项目承包人配合项目发包人进行竣工验收；

（3）项目结算；

（4）项目总结；

（5）项目资料归档；

（6）项目剩余物资处置；

（7）项目考核与审计；

（8）对项目分包人及供应商的后评价。

2.6.3 《绿色建筑运行维护技术规范》JGJ/T 391—2016

绿色建筑运行维护应包括综合效能调适、交付、运行维护和运行维护管理等环节，应根据建筑工程实际情况编制技术手册。

1. 综合效能调适和交付

（1）绿色建筑的建筑设备系统应制定具体综合效能调适计划，并进行综合效能调适。

（2）综合效能调适应包括夏季工况、冬季工况以及过渡季节工况的调适和性能验证。

（3）综合效能调适过程应包括现场检查、平衡调试验证、设备性能测试及自控功能验证、系统联合运转、综合效果验收等过程。

（4）综合效果验收应包括建筑设备系统运行状态及运行效果的验收，使系统满足不同负荷工况和用户使用的需求。

（5）建设单位应在综合效果验收合格后向运行维护管理单位进行正式交付，并应向运行维护管理单位移交综合效能调适资料。

（6）建筑系统交付时，应对运行管理人员进行培训，培训宜由调适单位负责组织实施，施工方、设备供应商及自控承包商参加。

2. 设备设施维护

（1）绿色建筑设备系统应定期保养，设备完好率不应小于98%。

（2）应制定维修保养工作计划，按时按质进行保养，并应建立设施设备全寿命期档案。设备保养完毕后，应在设备档案中详细填写保养内容和更换零部件情况。

3. 绿色建筑运行维护管理

（1）运行维护管理单位宜建立绿色教育宣传机制，编制绿色设施使用手册。

（2）运行维护管理单位应制定建筑基础设施及设备运行操作规程，明确责任人员职责，合理配置专业技术人员。针对绿色建筑运行应制定下列专项管理制度：

1）废水、废气、固态废弃物及危险物品管理制度；

2）绿化、环保及垃圾处理专项管理制度；

3）设备设施运行的节能操作规程；

4）设备设施与运行状态的监测方法、操作规程及故障诊断与处理办法。

4. 绿色建筑运行维护评价

（1）绿色建筑运行维护评价指标体系可分为三级指标，一级由综合效能调适与交付、系统运行、设备设施维护、运行维护管理四类指标组成；二级指标为一般规定和评分项；三级指标为具体的条文。

（2）各类指标的评分项总分均为100分。四类指标各自的评分项得分 Q_1、Q_2、Q_3、Q_4 按参评该类指标的评分项实际得分值除以适用于该建筑的评分项总分值（由于部分技术建筑未采用，评价指标体系中的三级指标可不参评）再乘以100分计算。

（3）绿色建筑运行维护管理评价的总得分可按下式进行计算，其中评价指标体系4类指标的评分项的权重按表2-36取值。

$$Q = \omega_1 Q_1 + \omega_2 Q_2 + \omega_3 Q_3 + \omega_4 Q_4 \tag{2-38}$$

绿色建筑运行维护管理各类指标的权重　　　　　表 2-36

指标	系统综合效能调适与交付 ω_1	系统运行 ω_2	设备设施维护 ω_3	运行维护管理 ω_4
权重	0.20	0.50	0.20	0.10

（4）根据评价得分，评定结果可分成三个等级，水平由低到高依次划分为 1A（A）、2A（AA）、3A（AAA），对应的分数分别为 50 分、60 分、80 分。

（5）评价指标体系及各权重指标的分值可按表 2-37 计算。

指标体系及分值表　　　　　表 2-37

一级指标	二级指标	三级指标	分值
系统调适与交付 0.20	一般规定	4.1.1 绿色建筑的建筑设备系统应制定具体综合效能调适计划，并进行综合效能调适	满足/不满足
		4.1.2 综合效能调适计划应包括各参与方的职责、调适流程、调适内容、工作范围、调适人员、时间计划及相关配合事宜	满足/不满足
		4.1.3 综合效能调适应包括夏季工况、冬季工况以及过渡季节工况的调适和性能验证	满足/不满足
	综合效能调适过程（70分）	4.2.1 综合效能调适应包括现场检查、平衡调试验证、设备性能测试及自控功能验证、系统联合运行、综合效果验收等过程	20
		4.2.2 平衡调试验证阶段应进行空调风系统与水系统平衡验证，平衡合格标准应符合现行国家标准《建筑节能工程施工质量验收规范》GB 50411 的有关规定	10
		4.2.3 自控系统的控制功能应工作正常，符合设计要求	10
		4.2.4 主要设备实际性能测试与名义性能相差较大时，应分析其原因，并应进行整改	10
		4.2.5 综合效果验收应包括建筑设备系统运行状态及运行效果的验收，使系统满足不同负荷工况和用户使用的需求	10
		4.2.6 综合效能调适报告应包含施工质量检查报告，风系统、水系统平衡验证报告，自控验证报告，系统联合运转报告，综合效能调适过程中发现的问题日志及解决方案	10
	交付（30分）	4.3.1 建设单位应在综合效果验收合格后向运行维护管理单位进行正式交付，并应向运行维护管理单位移交综合效能调适资料	20
		4.3.2 建筑系统交付时，应对运行管理人员进行培训，培训宜由调适单位负责组织实施，施工方、设备供应商及自控承包商参加	10
系统运行 0.50	一般规定	5.1.1 建筑设备系统的设计、施工、调试、验收、综合效能调适、交付资料等技术文件应齐全、真实	满足/不满足
		5.1.2 建筑设备运行管理记录应齐全	满足/不满足
		5.1.3 运行过程中产生的废气、污水等污染物应达标排放，废油、污物、废工质应按国家现行标准的有关规定收集处理	满足/不满足
		5.1.4 能源系统应按分类、分区、分项计量数据进行管理	满足/不满足
		5.1.5 建筑设备系统运行过程中，宜采用无成本/低成本运行措施	满足/不满足
		5.1.6 建筑再调适计划应根据建筑负荷和设备系统的实际运行情况适时制定	满足/不满足

续表

一级指标	二级指标	三级指标	分值
系统运行 0.50	暖通空 调系统 （28 分）	5.2.1 室内运行设定温度,冬季不得高于设计值 2℃,夏季不得低于设计值 2℃	2
		5.2.2 采用集中空调且人员密集的区域,运行过程中的新风量应根据实际室内人员需求进行调节,并应符合现行国家标准《民用建筑供暖通风与空气调节设计规范》GB 50736 的有关规定	2
		5.2.3 制冷(制热)设备机组运行宜采取群控方式,并根据系统负荷的变化合理调配机组运行台数	3
		5.2.4 制冷设备机组的出水温度宜根据室外气象参数和除湿负荷的变化进行设定	2
		5.2.5 技术经济合理时,空调系统在过渡季节宜根据室外气象参数实现全新风或可调新风比运行,宜根据新风和回风的焓值控制新风量和工况转换	2
		5.2.6 采用变频运行的水系统和风系统,变频设备的频率不宜低于 30Hz	3
		5.2.7 采用排风能量回收系统运行时,应根据实际应用情况制定合理的控制策略	2
		5.2.8 在满足室内空气参数控制要求时,冰蓄冷空调通风系统宜加大供回水温差	2
		5.2.9 暖通空调系统运行中应保证水力平衡和风量平衡	2
		5.2.10 冷却塔出水温度设定值宜根据室外空气湿球温度确定;冷却塔风机运行数量及转速宜根据冷却塔出水温度进行调节	2
		5.2.11 冷水机组冷凝器侧污垢热阻宜根据冷水机组的冷凝温度和冷却水出口温度差的变化进行监控	2
		5.2.12 建筑宜通过调节新风量和排风量,维持相对微正压运行	2
		5.2.13 建筑使用时宜根据气候条件和建筑负荷特性充分利用夜间预冷	2
	给排水系统 （14 分）	5.3.1 给排水系统运行过程中,应按水平衡测试的要求进行运行,降低管网漏损率	3
		5.3.2 给水系统运行过程中,用水点供水压力不应小于用水器具要求的最低工作压力,避免出现超压出流现象	2
		5.3.3 用水计量装置功能应完好,数据记录应完整;冷却塔补水量应进行记录和定期分析	4
		5.3.4 节水灌溉系统运行模式宜根据气候和绿化浇灌需求及时调整	1
		5.3.5 根据雨水控制与利用的设计情况,应保证雨水入渗设施完好,多余雨水应汇集至市政管网或雨水调蓄设施	1
		5.3.6 景观水系统运行时,应充分利用非传统水源补水,且应保证补水量记录完整	1
		5.3.7 循环冷却水系统运行中,应确保冷却水节水措施运行良好或非传统水源补水正常,水质应达到标准要求	2
	电气与控 制系统 （20 分）	5.4.1 变压器应实现经济运行,提高利用率	3
		5.4.2 各相负载应均衡调整,配电系统的三相负载不平衡度不应大于 15%	2
		5.4.3 容量大、负荷平稳且长期连续运行的用电设备,宜采取无功功率就地补偿措施,低压侧电力系统功率因数宜为 0.93~0.98	2
		5.4.4 应定期对谐波进行测量,超出限值宜采取技术措施治理	2

续表

一级指标	二级指标	三级指标	分值
系统运行 0.50	电气与控制系统 (20分)	5.4.5 室内照度和照明时间宜结合建筑使用需求和自然采光状况进行调节	3
		5.4.6 蓄能装置运行时间及运行策略宜利用峰谷电价差合理调整	2
		5.4.7 电梯系统宜根据使用情况适时优化运行模式	3
		5.4.8 供暖、通风、空调、照明等设备的自动监控系统应工作正常,运行记录完整	3
	可再生能源系统 (13分)	5.5.1 可再生能源系统同常规能源系统并联运行时,宜优先运行可再生能源系统	2
		5.5.2 可再生能源建筑应用系统运行前应进行现场检测与能效评价,检测和评价方法应符合现行国家标准《可再生能源建筑应用工程评价标准》GB/T 50801中的有关规定	2
		5.5.3 太阳能集热系统运行时,应定期检查过热保护功能．避免空晒和闷晒损坏太阳能集热器	1
		5.5.4 太阳能集热系统冬季运行前应检查防冻措施	1
		5.5.5 太阳能集热系统和光伏组件表面应定期清洗	1
		5.5.6 采用地源热泵系统时,应对地源侧的温度进行监测分析	2
		5.5.7 采用地源热泵系统时,应对系统进行冬夏季节转换设置显著标识,并应在季节转换前完成阀门转换操作	2
		5.5.8 可再生能源系统应进行单独计量	2
	建筑室内外环境 (15分)	5.6.1 空调通风系统室外新风引入口周围应保持清洁,新风引入口与排风不应短路	3
		5.6.2 除指定吸烟区外,公共建筑内禁止吸烟并应设置标识。室内吸烟区应设置烟气捕集装置,将烟气排向室外;室外吸烟区与建筑的所有出入口、新风取风口和可开启外窗之间最近点距离不宜小于 7.5m	3
		5.6.3 应制定垃圾管理制度,合理规划垃圾物流,对生活废弃物进行分类收集,且收集和处理过程中无二次污染	2
		5.6.4 公共建筑运行过程中,由于功能调整变更．需要进行局部空间污染物排放时,宜增加相应补风设备或系统,并采取联动调节方式	4
		5.6.5 有条件的建筑．宜采用空气净化装置控制室内颗粒物(PM2.5)浓度	3
	检测与能源管理 (10分)	5.7.1 建筑能源使用情况宜根据建筑能源管理系统进行监测、统计和评估	2
		5.7.2 建筑能源管理系统宜具备数据处理、分析和挖掘的功能	3
		5.7.3 公共建筑宜定期进行能源审计	2
		5.7.4 建筑能源管理系统的监测计量仪表、传感器应定期检验校准	3
设备设施维护 0.20	一般规定	6.1.1 绿色建筑应进行日常维护管理,发现隐患应及时排除和维修	满足/不满足
		6.1.2 设备维护保养应符合设备保养手册要求．并应严格执行安全操作规程	满足/不满足
		6.1.3 各类设备维修应通过对系统的专业分析确定维修方案	满足/不满足
		6.1.4 修补、翻新、改造时,宜优先选用本地生产的建筑材料	满足/不满足
		6.1.5 绿色建筑设备系统应定期保养,设备完好率不应小于98%	满足/不满足

续表

一级指标	二级指标	三级指标	分值
设备设施维护 0.20	一般规定	6.1.6 应制定维修保养工作计划,按时按质进行保养,并应建立设施设备全寿命期档案。设备保养完毕后,应在设备档案中详细填写保养内容和更换零部件情况	满足/不满足
	设备及系统(65 分)	6.2.1 暖通空调系统应按时巡检并记录,发现隐患应及时排除和维修	5
		6.2.2 空调风系统应定期对空气过滤器、表面冷却器、加热器、加湿器、冷凝水盘等部位进行全面检查和清洗	5
		6.2.3 公共建筑内部厨房、厕所、地下车库的排风系统应定期检查,厨房排风口和排风管宜定期进行油污处理	3
		6.2.4 严寒和寒冷地区进入冬季供暖期前,应检查并确保空调和供暖水系统的防冻措施和防冻设备正常运转,供暖期间应定期检查	3
		6.2.5 设备及管道绝热设施应定期检查,保温、保冷效果检测应符合现行国家标准《设备及管道绝热效果的测试与评价》GB/T 8174 中的有关规定	5
		6.2.6 排风能量回收系统,宜定期检查及清洗	3
		6.2.7 给排水系统应按时进行巡检并记录,发现隐患应及时排除和维修	5
		6.2.8 给排水系统应定期检测水质,保证用水安全	5
		6.2.9 非传统水源出水设施应定期进行检查,并应对水质、水量进行检测及记录。非传统水源应符合现行国家标准《城市污水再生 利用城市杂用水水质》GB/T 18920 的有关规定,作为景观水使用时应符合现行国家标准《城市污水再生 利用景观环境用水水质》GB/T 18921 的有关规定	5
		6.2.10 建筑的供水管网和阀门应定期检查	5
		6.2.11 卫生器具更换时,不应采用较低用水效率等级的卫生器具	3
		6.2.12 雨水基础设施及雨水回收系统应定期检查维护	5
		6.2.13 电气系统应按时进行巡检并记录,发现隐患应及时排除和维修	5
		6.2.14 照明灯具应定期进行检查,并应及时更换损坏和光衰严重的光源	3
		6.2.15 自动控制系统的传感器、变送器、调节器和执行器等基本元件应定期进行维护保养	5
	绿化及景观(14 分)	6.3.1 应制定并公示绿化管理制度,并严格执行	5
		6.3.2 景观绿化应定期进行维护管理,并应时栽种、补种乡土植物;绿化区应做好日常养护,新栽种和移植的树木一次成活率应大于 90%	6
		6.3.3 绿化区应采用无公害病虫害防治技术,规范杀虫剂、除草剂、化肥、农药等化学药品的使用,不应对土壤和地下水环境造成损害	3
	围护结构与材料(21 分)	6.4.1 建筑外围护结构的热工性能应定期检测,检测结果不符合设计要求时应进行改造	3
		6.4.2 建筑材料及构件的安全耐久性应定期进行检查和维护	3
		6.4.3 修补、翻新、改造时,符合下列规定: 1 建筑材料和装饰装修材料有害物质含量应符合国家现行标准的有关规定; 2 建筑外表面宜使用具有净化空气功能的涂层材料; 3 不应影响建筑结构安全性、耐久性,且不应降低外围护结构保温隔热性能; 4 可变换功能的室内空间宜采用可重复使用的隔墙和隔断; 5 宜合理采用可再利用材料或可再循环材料	15

续表

一级指标	二级指标	三级指标	分值
运行维护管理 0.10	一般规定	7.1.1 运行维护管理单位应在物业管理工作开始前制定接管验收流程,对建筑的基础建设和重要系统设备等进行接管验收	满足/不满足
		7.1.2 运行维护管理单位在制定相关管理要求时宜参照相关管理体系及现行国家标准《能源管理体系要求》GB/T 23331 的有关规定	满足/不满足
		7.1.3 运行维护管理单位应制定完善的运行维护操作规程、工作管理制度、经济管理制度等	满足/不满足
		7.1.4 运行维护管理单位宜建立绿色教育宣传机制,编制绿色设施使用手册	满足/不满足
		7.1.5 运行维护管理单位应建立接管验收资料、基础管理措施、运行维护记录的管理档案	满足/不满足
	运行管理（50分）	7.2.1 运行维护管理单位应制定建筑基础设施及设备运行操作规程,明确责任人员职责,合理配置专业技术人员。针对绿色建筑运行应制定下列专项管理制度: 1 废水、废气、固态废弃物及危险物品管理制度; 2 绿化、环保及垃圾处理专项管理制度; 3 设备设施运行的节能操作规程; 4 设备设施与运行状态的监测方法、操作规程及故障诊断与处理办法	30
		7.2.2 运行管理人员应具备相关专业知识,熟练掌握有关系统和设备的工作原理、运行策略及操作规程,且应经培训后方可担任职责	20
	维护管理（50分）	7.3.1 物业设施设备的维护保养应制定管理制度	15
		7.3.2 物业设施设备的维护保养应制定保养方案和保养方法,并应严格执行安全操作规程	15
		7.3.3 物业设施设备的维护保养应实施过程信息化,并应建立预防性维护保养机制	20

第3章　绿色建造技术

施工过程中，现场非传统水源的水收集与综合利用技术主要包括基坑施工降水回收利用技术、雨水回收利用技术、现场生产和生活废水回收利用技术。经过处理达到要求的水体可用于绿化、冲洗厕所、结构养护以及混凝土试块养护用水等。

3.1.1　绿色建筑施工之节水措施

严格按照施工现场临时用水方案，建立健全用水管理制度，增强全体施工人员的节约用水意识和环境保护意识。

1. 传统水源利用

（1）施工现场喷洒路面、绿化浇灌不宜使用市政自来水，可抽取施工场地周边河里的水。现场搅拌用水、养护用水应采取有效的节水措施，严禁无措施浇水养护混凝土。

（2）施工现场供水管网应根据用水量设计布置，管径合理、管路简捷，采取有效措施减少管网和用水器具的漏损。

（3）现场机具、设备、车辆冲洗用水必须设立循环用水装置。

（4）施工现场办公区、生活区的生活用水采用节水系统和节水器具，提高节水器具配置比率。项目临时用水应使用节水型产品，安装计量装置，采取针对性的节水措施。

（5）施工现场分别对生活用水与工程用水确定用水定额指标，并分别计量管理。

在签订工程分包合同时，将节水定额指标纳入合同条款，进行计量考核。

2. 非传统水源利用

（1）施工现场建立雨水、中水或可再利用水的搜集利用系统。

（2）施工现场建立可再利用水的收集处理系统，使水资源得到梯级循环利用，具体而言，现场可采用地下室基坑周边的环形排水沟将现场搅拌用水、雨水等进行收集到指定沉淀池中，集中处理。

1）优先采用中水搅拌、中水养护，有条件的施工区域应收集雨水养护；

2）处于基坑降水阶段的工地，宜优先采用地下水作为混凝土搅拌用水、养护用水、冲洗用水和部分生活用水；

3）现场机具、设备、车辆冲洗、喷洒路面、绿化浇灌等用水，优先采用非传统水源，尽量不使用市政自来水。

3. 排污措施

（1）严格按照方案要求完善现场供、排水设施，所有排水沟道均用砖砌并用水泥砂浆抹面，施工现场的排污沟等均应沉淀、过滤处理后才能排入排污管线。如现场条件不允许排入污水管，可先排入现在砌筑的化粪池，经处理后用污水车抽走。

（2）施工现场临建阶段，统一规划排水管线，生活污水与施工排水管道分别布置，以便能循环再次利用。

（3）运输车辆清洗处设置沉淀池，排放的废水要排入沉淀池内，经二次沉淀后，方可排入城市市政污水管线或用于洒水降尘。

（4）施工现场生活污水通过现场埋设的排水管道，向市政污水井排放。平时加强管理，防止污染。

（5）对现场道路进行全面修整，现场排水系统应保证通畅，以设置有坡度的明沟为主，并用钢筋制作的盖板盖在明沟上。施工排出的污水及生活污水不能直接排入市污水管道，应在现场设沉淀池沉淀、过滤后，再排入排污管道。

（6）在工程开工前完成工地排水和废水处理设施的建设，并保证工地排水和废水处理措施在整个施工过程中的有效性，做到现场无积水、排水不外溢、不堵塞、水质达标。

（7）在季节环保措施中要有雨季施工时的有效排水措施。根据施工实际，考虑项目施工地区降雨特征，制定雨季、特别是暴雨期排水措施，避免废水无组织排放、外溢、堵塞城市下水道等污染事故发生的排水应急响应方案，并在需要时实施。

3.1.2 基坑降排水回收

基坑施工降水回收利用技术，一般包含两种技术：一是利用自渗效果将上层滞水引渗至下层潜水层或土体中，可使部分水资源重新回灌至地下或基底以下的回收利用技术，同时满足了基坑土体开挖的要求；二是将降水期间所抽取的水体集中存放，施工时再加以综合利用。

施工现场非传统水资源收集工艺流程。如图 3-1 所示。

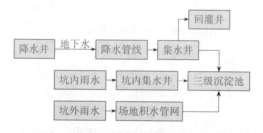

图 3-1　基坑施工阶段水的收集工艺图

（1）利用自渗效果将上层滞水引渗至下层潜水层或土体中，有回灌量、集中存放量和使用量记录。

（2）施工现场用水至少应有 20% 来源于雨水和生产废水回收利用等。

（3）基坑降水回收利用率为

$$R = K_6 \frac{Q_1 + q_1 + q_2 + q_3}{Q_0} \times 100\% \tag{3-1}$$

式中　Q_0——基坑涌水量（m^3/d），按照最不利条件下的计算最大流量；

$\quad\quad Q_1$——回灌至地下的水量（根据地质情况及试验确定）；

$\quad\quad q_1$——现场生活用水量（m^3/d）；

$\quad\quad q_2$——现场控制扬尘用水量（m^3/d）；

$\quad\quad q_3$——施工砌筑抹灰等用水量（m^3/d）；

$\quad\quad K_6$——损失系数；取 0.85～0.95。

3.1.3 雨水回收

雨水回收利用技术是指在施工现场中将雨水收集后，经过雨水渗蓄、沉淀等处理，集中存放后再利用。

基础施工阶段雨水收集，与基坑降水统一考虑，在图 3-1 中已有所体现。

地上结构及其他分部工程施工阶段，雨水的收集具体工件如图 3-2 所示。

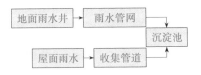

图 3-2 雨水收集工艺图

（1）施工现场平面布置中，分区做好雨水的收集，道路两侧应分别设置雨水井。

（2）构配件加工区和材料堆放区，主要利用集水井收集雨水。

（3）生活区和办公区，除了硬化地面雨水收集外，重点应集中在屋面雨水的收集。活动板房顶部应加设导流槽及过滤网，经雨水管直排进雨水井。

（4）各区的雨水井通过埋设在底下的管道排至三级沉淀水池。

（5）施工区雨水收集与其他各区相同，但还需建立施工过程用水的收集系统。

3.1.4 回收水的利用

经过处理达到要求的水体可用于绿化浇灌、楼层冲洗、道路冲洗、车辆冲洗、冲洗厕所、结构养护以及混凝土试块养护用水等。

收集到的水再利用之前应进行水质检验，并相应建立蓄水系统作为新的供水管网。水再利用系统如图 3-3 所示。

（1）沉淀池、蓄水系统应设置在靠近施工场地一侧，并进行细石混凝土抹面。沉淀池应经常派人进行清掏，以利雨水收集系统各项功能性构件的正常运转。

（2）提升水泵、加压水泵等应有专人维护，避免电机损坏、漏电伤人等事故的发生。蓄水池的水位线也应进行有效控制，避免水体外溢而浪费水资源或取水过量损坏加压水泵。

（3）遇到大雨时，可以将多余的雨水沉淀后直接外排到市政雨水管网。

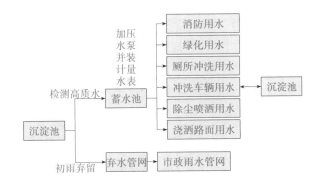

图 3-3 收集雨水的再利用工艺图

雨水回收再利用，不但有效避免地面积水，减缓汛期市政排水管网的压力，还能提高水资源收集的质量及数量，从而提高水资源的重复利用价值。

项目推广应用实践表明，通过雨水收集再利用与常规的完全利用市政自来水相比，非市政自来水利用量占总用水量可以提高到35%。

3.1.5 工程实践应用实例

1. 背景材料

某改造项目建设地点位于太原市迎泽区，劲松路以东、××小区用地以北、某研究所用地以西、桃南西巷以南。包括新建住宅楼四栋及地下二层停车场，总建筑面积19.76万 m^2。

2. 背景分析

本工程建设场地临近汾河，地下水位高（水位标高为781.52～782.41m），自然地坪784.05m，基坑较深（8.15m），基坑降水量大。非传统水源利用主要包括基坑降水以及雨水回收利用技术。

3. 技术应用

（1）施工现场水资源收集、利用工艺流程

建立非传统水循环利用系统，收集基坑降水、雨水循环再利用，用于工程中的非传统用水均应进行水质检测。结合原有管网状况，根据工程特点分阶段设计水循环利用系统：

基础、±0.000以下结构施工，采用降水管线利用现场原有管网收集，接近楼座设置三级沉淀水箱，按照不同使用功能分支使用，如图3-4所示。

±0.000以上结构及装修阶段利用4号楼南侧新建消防水池和接近楼座的三级沉淀蓄水箱存储并进行循环利用。雨水收集依托原有管网，结合场地布置新建管网有效结合形成集水系统，并入阶段水循环利用系统。如图3-5所示。

（2）技术要点

1）水循环系统的建立

综合项目场地布置规划地下管线，应有效利用原有管网，合理布置新建管网，尽可能依托项目室外工程外网管线的设计，优化场地布置。

收集系统尽可能地综合考虑不同施工阶段的需求，减少设备投入，提高利用率。

2）管网及沉淀池的设置

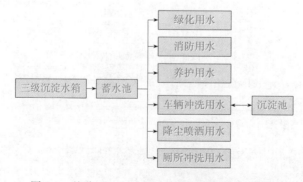

图3-4 基础、±0.000以下施工阶段水利用系统

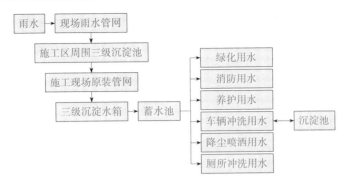

图 3-5　±0.000 以上主体、装修阶段水利用系统

管网的设置需满足工程需要，坡向应合理，形成环形管网且有分流措施，便于水量不足时或过剩时能够集中分流管控。管径的选择应满足工程要求，沉淀池配置需要根据施工段及工程量用水进行布置，减少抽水扬程，最大化地发挥水泵功效。

3）计量器具的设置

每个分支出水口均需配置标定合格的计量用水表，且水表读数每日记录，确保数字的准确性、真实性。

4）水量的计算

计算全部降水井满开时的总水量，计算保证设计水位时回灌井全部用水量。根据现场实际观测水位做好统计，保证满足设计地下水位要求的同时能够最大量地使地下水用于工程中。

5）水质监测

用于工程的地下水、雨水均需进行水质检测，使工程用水的相关技术指标达到要求。排放的水质也要进行 pH 值监测，确保不造成市政管道和水质的污染。

（3）计算验算与监测

1）基坑涌水水量计算

上部为细砂时，按式（3-2）计算：

$$Q = 1.366K'(2H_0 - S)S/(\lg R' - \lg r_0) \tag{3-2}$$

式中　R'——群井的影响半径（$R + r_0$）；

　　　r_0——假想计算半径 $r_0 = \sqrt{F/\pi}$；

　　　F——井点系统包围的基坑面积；

　　　R——降水影响半径 $R = 2S\sqrt{K'H_0}$；

　　　K'——渗透系数；

　　　H_0——有效深度，按表 3-1 取用。

降水有效深度表　　　　　　　　　　　　　　　　　表 3-1

$S/(S+L)$	0.2	0.3	0.5	0.8
H_0	1.3(S+L)	1.5(S+L)	1.7(S+L)	1.8(S+L)

注：S——降水深度（原始地下水位到滤头上部之高度）；

　　L——滤头长度。

关于降水有效深度，根据地下水动力学，在不完整井中抽水时，其影响不涉及蓄水层全部深度，而只影响其一部分，此部分称为有效深度，在此有效深度以下，抽水时处于不受扰动状态。

H_0 计算：

$S = 6.15 + 1.0 = 7.15 \text{m}$，$L = 15 \text{m}$

则 $S/(S+L) = 0.33$

查表 3-1，用插入法的 $H_0 = 1.53(S+L) = 1.53 \times 22.15 = 33.89 \text{m}$

$r_0 = \sqrt{F/\pi} = 85.04 \text{m}$

$R = 2S\sqrt{K'H_0}$

渗透系数具勘察报告得 $3 \sim 5 \text{m/d}$，初始地下水位标高 $781.52 \sim 782.41 \text{m}$，自然地坪 784.05m，初始地下水位按自然地面下 2.1m 计算。

$R = 2 \times 7.15\sqrt{5 \times 33.89} = 186.15 \text{m}$ $R' = R + r_0 = 186.15 + 85.04 = 271.19 \text{m}$

则基坑涌水量为：

$Q = 1.366 \times 5 \times \{(2 \times 33.89 - 7.15) \times 7.15/\lg271.19 - \lg85.04\} = 5874 \text{ m}^3/\text{d}$

2）施工期间各沉淀箱用水量统计见表 3-2。

沉淀箱用水量统计表   表 3-2

月份 \ 计水量 m³	1号沉淀箱 SBj1	2号沉淀箱 SBj2	3号沉淀箱 SBj3	4号沉淀箱 SBj4	5号沉淀箱 SBj5	小计
2013.6	400	296	150	132	0	978
2013.7	301	185	852	621	111	2070
2013.8	781	603	888	1350	480	4102
2013.9	666	910	950	780	960	4266
2013.10	560	880	651	827	1010	3928
2013.11	640	800	740	682	833	3695
2013.12	18	420	235	377	121	1171
2014.1	0	0	0	0	108	108
2014.2	88	100	46	0	387	621
2014.3	200	222	189	340	280	1231
2014.4	890	780	1089	986	997	4742
2014.5	802	374	678	864	900	3618
2014.6	674	537	321	588	569	2689
2014.7	210	380	390	470	208	1658
2014.8	40	367	200	189	564	1360
2014.9	161	438	400	400	235	1634
2014.10	228	374	580	210	102	1494
2014.11	0	0	215	18	336	569
2014.12	0	28	0	0	376	404
合计	6659	7694	8574	8834	8577	40338

（4）水资源利用非传统水源利用主要以降低基坑水位抽取的地下水为主，雨水为辅。

地下水收集与利用：

1）上层滞水通过土体孔隙渗透至原状管网检查井，沉淀后水泵抽至使用区域三级沉淀蓄水箱或消防水池分区使用。

2）多余的水体排至回灌井。

3）现场降尘、绿化、机械冲洗等用水。

雨水收集与利用（雨水量少）：

1）器皿集中收集。

2）原状管网检查井收集后沉淀，而后抽取分区使用。

循环水利用：

1）混凝土浇筑后冲洗泵车等废水收集沉淀后再利用。

2）大门洗车池循环水再利用。

3）其他循环水冲厕用水等。

（5）实施效果

经过合理规划水系统，该旧城改造项目生产、办公、生活区非传统水源利用量为 24240m³，项目总用水量为 79715m³；非传统水源用水占总用水量的比例为 30.4%。

第 2 节　垃圾减量化与资源化利用

建筑垃圾是指在新建、扩建、改建和拆除加固各类建筑物、构筑物、管网以及装饰装修等过程中产生的施工废弃物。

建筑垃圾减量化是指在施工过程中采用绿色施工新技术、精细化施工和标准化施工等措施，减少建筑垃圾排放；建筑垃圾资源化利用是指建筑垃圾就近处置、回收直接利用或加工处理后再利用。建筑垃圾减量化与建筑垃圾资源化利用主要措施为：实施建筑垃圾分类收集、分类堆放；碎石类、粉状类的建筑垃圾进行级配后用作基坑肥槽、路基的回填材料；采用移动式快速加工机械，将废旧砖瓦、废旧混凝土就地分拣、粉碎、分级，变为可再生骨料，也可就地再加工用于非正式工程中。

3.2.1　现场垃圾减量与资源化利用技术

可回收的建筑垃圾主要有散落的砂浆和混凝土、剔凿产生的砖石和混凝土碎块、打桩截下的钢筋混凝土桩头、砌块碎块、废旧木材、钢筋余料、塑料包装等。

现场垃圾减量与资源化的主要技术有：

（1）对钢筋采用优化下料技术，提高钢筋利用率；对钢筋余料采用再利用技术，如将钢筋余料用于加工马凳筋、预埋件或安全围栏等。

（2）对模板的使用应进行优化拼接，减少裁剪量；对木模板应通过合理的设计和加工制作提高重复使用率；对短木方采用指接接长技术，提高木方利用率。

（3）对混凝土浇筑施工中的混凝土余料做好回收利用，可用于制作小过梁、混凝土砖或地坪块等。

（4）在二次结构的加气混凝土砌块隔墙施工中，做好加气块的排序设计，在加工车间进行机械切割，减少工地加气混凝土砌块的废料。

（5）废塑料、废木材、钢筋头与废混凝土的机械分拣技术；利用废旧砖瓦、废旧混凝土为原料的再生骨料就地加工与分级技术。

（6）现场直接利用再生骨料和微细粉料作为骨料和填充料，生产混凝土砌块、混凝土砖，透水砖等制品的技术。

（7）利用再生细骨料制备砂浆及其使用的综合技术。

3.2.2　工程案例

1. 背景材料

某新建住宅楼四栋及物业附属用房，地下二层，地上三十层，总建筑面积 19.76 万 m^2，工期 547 日历天。

2. 背景分析

本工程体量大，工期紧，材料需用量较多，且需要同时组织施工，如何合理组织材料，减少过程损耗，提高材料使用率、周转率、再利用率是项目管理的重点之一。

3. 技术应用

（1）工艺流程

编制材料资源利用策划方案→制定建筑垃圾减量化计划→措施交底，落实责任→过程检查、调整方案→效果总结

（2）技术要点

1）建立完善材料进出综合台账，数据真实准确；

2）就地取材，施工现场 500km 以内生产的建筑材料用量占建筑材料总用量的 90% 以上。

3）结合当地市场情况和企业管理能力，对方案进行优化，使周转性材料的使用达到最佳状态。

4）确定目标值

根据投标工程数据库，分析工程特点，制定工程节材及材料资源利用的目标值，并落实责任。

制定建筑垃圾减量化计划，并落实具体措施和责任人，扩大垃圾处置和消纳途径，该工程建筑垃圾计划减量 50%。

（3）计算验算与监测

1）建筑垃圾产生量，一般根据不同类型工程和结构特点等并结合企业量化控制目标数据库，确定项目目标值。垃圾产生量不大于 6000t，即 $6000t/19.76$ 万 $m^2 = 30.3kg/m^2$。

2）根据施工图纸计算混凝土、加气混凝土砌块、钢筋等工程量，确定损耗量。工程主要材料损耗量统计见表 3-3。

工程主要材料损耗量统计　　　　　　　　　　　　　　　表 3-3

序号	材料名称	预算量（含定额损耗量）	定额允许损耗率及量	目标损耗率及量	目标减少损耗量
1	钢材	12064.809t	2%，241.296t	1.5%，180.053t	61.243t
2	商品混凝土	88888.826m³	2%，1777.78m³	1.5%，1326.56m³	451.22m³
3	加气混凝土砌块	9620.29m³	1.5%，144.3m³	1%，95.7m³	48.6m³
4	围挡等周转材料	重复使用率大于 90%			
5	500km 以内	占建筑材料总重量的 90% 以上			

3）建立材料供应商台账，过程中准确记录取材地点及使用情况，每月对控制指标进行分析对比；及时记录建筑垃圾的再利用情况，分别见表 3-4、表 3-5。

项目建筑材料供应商台账　　　　　　　　　　表 3-4

材料名称	规格	生产厂家	供应商	取材地点	到工地距离（km）	备注
钢材	$\phi6.5$、$\phi8$、$\phi10$、$\phi12$、$\phi14$、$\phi16$、$\phi18$、$\phi20$、$\phi22$、$\phi25$	海鑫长钢首钢	北京中铁物总国际招标公司	太原市	9.8	
			北京中铁建工物资有限公司	太原市	9.1	
			太原市双瑞源物资有限公司	太原市	9.1	
	$\phi8$、$\phi10$	中阳	山西诚通铁运物流有限公司	汾阳市	113.8	
混凝土	C30、C35	智海	太原智海混凝土有限公司	太原市	6.4	
		栋山	太原栋山新型建材有限公司	太原市	9.8	
石子		阳曲	阳曲县三羊建材经销部	阳曲县	34.4	
水泥	PS325		晋中市榆次佳和建材经销部	榆次区	25.8	
			晋中市榆次和秦建材经销部	榆次区	22.0	
			晋中市榆次佳凡建材经销部	榆次区	26.7	
			晋中市榆次秦达建材经销部	榆次区	28.3	
豆罗砂			清徐县董家营金东建材经销部	清徐县	41.8	
			阳曲县三羊建材经销部	阳曲县	32.5	
			忻州市忻府区培林建材经销部	忻州市	53.4	
加气块	600×240×200		太原市鹏飞加气混凝土厂	太原市	14.4	
运距基本上控制在设定的目标距离之内						

项目建筑垃圾回收利用统计台账　　　　　　　　　表 3-5

工程名称				工程项目			
序号	建筑垃圾种类	产生垃圾量（t）	回收利用量（t）	消纳方案	废弃物排放量（t）	日期	备注
1	模板	1.0	0.5	钉垃圾箱	0.5	2013.06.05	
2	方木	1.0	0.8	阳角防护	0.2	2013.06.18	
3	模板	1.5	0.7	安全通道	0.8	2013.06.27	
4	模板	0.5	0.3	踢脚板	0.2	2013.07.03	
5	模板	1.4	1.2	安全通道	0.2	2013.07.17	
6	模板	1.0	0.9	重新回收	0.1	2013.07.23	
7	模板	1.0	0.8	钉垃圾箱	0.2	2013.08.04	
8	方木	0.9	0.9	阳角防护	0.0	2013.08.19	
9	方木	1.1	1.1	重新回收	0.0	2013.08.27	
10	模板	0.5	0.5	踢脚板	0.0	2013.09.06	

填表人：

注：建筑垃圾回收利用率应达到 30%。

4. 实施效果

（1）材料资源利用效果分析对比见表 3-6、表 3-7。

材料资源利用效果分析对比表   表 3-6

序号	材料名称	预算量	预算损耗	目标损耗率	实际量	实际损耗	减少损耗量
1	商品混凝土	88888.826m³	1777.78 m³,2%	1.5%	87757.33m	646.28m³,0.74%	132.496t
2	加气混凝土砌块	9620.29 m³	144.3m³,1.5%	1.0%	9560m³	84m³,0.88%	60.3 m³
3	钢材	12064.809t	241.296t,2%	1.5%	11932.313t	108.8t	132.496t

材料资源利用效果分析对比表（定性）   表 3-7

序号	主材名称	预算损耗量	实际损耗量	实际损耗量/总建筑面积比值
1	钢材	241.296t(预算量 12064.809t)	108.8t(实际用量 11932.313t)	0.0005
2	商品混凝土	1777.78 m³(预算量 88888.826 m³)	646.28m³(实际用量 87757.33m³)	0.003
3	加气混凝土砌块	144.3m³(预算量 9620.29 m³)	84m³(实际用量 9560m³)	0.0004
4	模板	平均周转次数 7 次	平均周转次数 8 次	
5	地砖	预算量:8100m²	实际用量:8095m²	
6	墙砖	预算量:15422m²	实际用量:15418 m²	
7	围挡等周转材料	重复使用率大于 90%	重复使用率 100%	
8	就地取材≤500km 以内的占总量的 95%			

（2）建筑垃圾减量化对比分析，在实施减量化对比时，单位均统一为吨（t）见表 3-8。

建筑垃圾减量化对比分析表   表 3-8

建筑垃圾种类	产生原因及部位	实际产生数量	消纳方案	实际消纳数量
混凝土碎料	混凝土浇筑、爆模，凿桩头等	4236.2t	作为后续底板垫层和临时道路路基及预制混凝土块等	1368.2t
			外运其他工地再利用	868t
			环保单位清运	2000t
砌块	砌块切割和搬运过程中产生	52t	本工地利用	40t
			清理外运	12t
废旧模板、方木	翘曲、变形、开裂、受潮	70.5m³(26.1t)	成品保护使用部分旧模板	50m³(18.5t)
			短方木接长处理	20.5m³(7.6t)
			清理出场回加工厂	
废旧钢筋	施工过程中产生的钢筋断头以及废旧钢筋	162t	1. 废旧钢筋用作马镫支架的制作、钢筋拉钩、构造柱、过梁、填充墙植筋；2.（临时）排水沟盖板等钢筋使用	21t(措施筋)；18t(二次结构)；4t(灭火器箱、试块笼等)；排水沟盖板等临时使用 11t；108t 出售
包装箱(袋)、纸盒	施工材料包装	30t	厂家回收再利用	15t
			成品保护利用	9t
			送废品回收站	6t

续表

建筑垃圾种类	产生原因及部位	实际产生数量	消纳方案	实际消纳数量
装修产生垃圾	边角料、废料、拆卸物等	20t	块材组合铺路	5t
			外运其他工地	4t
			清理外运	11t
合计		4526.3t		2385.7t

对不同建筑垃圾进行分类，并提出减量化的控制措施，实施过程中，项目共产生建筑垃圾 4526.3t，回收再利用 2385.7t，再利用率为 52.7%，超过了原计划 50% 的再利用目标。

第 3 节　扬尘治理

3.3.1　扬尘治理的行政措施

1. 依法开展扬尘治理

(1)《中华人民共和国环境保护法》；

(2)《中华人民共和国大气污染防治法》；

(3)《中共中央国务院关于全面加强生态环境保护坚决打好污染防治攻坚战的意见》；

(4)《国务院关于印发打赢蓝天保卫战三年行动计划的通知》（国发〔2018〕22 号）；

(5)《住房和城乡建设部办公厅关于进一步加强施工工地和道路扬尘管控工作的通知》；

(6) 工程所在地省有关"扬尘防治"的工作方案；

(7)《建筑施工安全检查标准》《建设工程施工现场环境与卫生标准》等国家及行业标准。

2. 扬尘管控工作重要性

加强生态环境保护、坚决打好污染防治攻坚战、打赢蓝天保卫战是党和国家的重大决策部署，事关满足人民日益增长的美好生活需要，事关全面建成小康社会，事关经济高质量发展和美丽中国建设。

3. 施工工地扬尘管控责任

建设单位应将防治扬尘污染的费用列入工程造价，并在施工承包合同中明确施工单位扬尘污染防治责任。暂时不能开工的施工工地，建设单位应当对裸露地面进行覆盖；超过三个月的，应当进行绿化、铺装或者遮盖。

施工单位应制定具体的施工扬尘污染防治实施方案，在施工工地公示扬尘污染防治措施、负责人、扬尘监督管理主管部门等信息。施工单位应当采取有效防尘降尘措施，减少施工作业过程扬尘污染，并做好扬尘污染防治工作。

根据当地人民政府确定的职责，地方各级住房和城乡建设主管部门及有关部门要严格施工扬尘监管，加强对施工工地的监督检查，发现建设单位和施工单位的违法违规行为，依照规定责令改正并处以罚款；拒不改正的，责令停工整治。根据当地人民政府重污染天气应急预案的要求，采取停止工地土石方作业和建筑物拆除施工的应急措施。

4. 施工工地防尘降尘措施

(1) 对施工现场实行封闭管理。城市范围内主要路段的施工工地应设置高度不小于

2.5m 的封闭围挡，一般路段的施工工地应设置高度不小于 1.8m 的封闭围挡。施工工地的封闭围挡应坚固、稳定、整洁、美观。

（2）加强物料管理。施工现场的建筑材料、构件、料具应按总平面布局进行码放。在规定区域内的施工现场应使用预拌混凝土及预拌砂浆；采用现场搅拌混凝土或砂浆的场所应采取封闭、降尘、降噪措施；水泥和其他易飞扬的细颗粒建筑材料应密闭存放或采取覆盖等措施。

（3）注重降尘作业。施工现场土方作业应采取防止扬尘措施，主要道路应定期清扫、洒水。拆除建筑物或构筑物时，应采用隔离、洒水等降噪、降尘措施，并应及时清理废弃物。施工进行铣刨、切割等作业时，应采取有效防扬尘措施；灰土和无机料应采用预拌进场，碾压过程中应洒水降尘。

（4）硬化路面和清洗车辆。施工现场的主要道路及材料加工区地面应进行硬化处理，道路应畅通，路面应平整坚实。裸露的场地和堆放的土方应采取覆盖、固化或绿化等措施。施工现场出入口应设置车辆冲洗设施，并对驶出车辆进行清洗。

（5）清运建筑垃圾。土方和建筑垃圾的运输应采用封闭式运输车辆或采取覆盖措施。建筑物内施工垃圾的清运，应采用器具或管道运输，严禁随意抛掷。施工现场严禁焚烧各类废弃物。

5. 城市道路扬尘管控措施

（1）推行机械化作业。推行城市道路清扫保洁机械化作业方式，推动道路机械化清扫率稳步提高。到 2020 年底前，地级及以上城市建成区道路机械化清扫率达到 70% 以上，县城达到 60% 以上，京津冀及周边地区、长三角地区、汾渭平原等重点区域要显著提高。

（2）优化清扫保洁工艺。合理配备人机作业比例，规范清扫保洁作业程序，综合使用冲、刷、吸、扫等手段，提高城市道路保洁质量和效率，有效控制道路扬尘污染。

（3）加快环卫车辆更新。推进城市建成区新增和更新的环卫车辆使用新能源或清洁能源汽车，重点区域使用比例达到 80%。有条件的地区可以使用新型除尘环卫车辆。

（4）加强日常作业管理。定期对道路清扫保洁作业人员进行具体作业及安全意识培训。加强对城市道路清扫保洁的监督管理，综合使用信息化等手段，保障城市道路清扫保洁质量。

3.3.2 工程实例

1. 背景材料

工程概况：本工程设计共计 36 栋楼，其中 15 栋 4 层没有地下室的联体别墅，建筑高度为 12.7m；11 栋 4 层有地下室的联体别墅，建筑高度为 12.7m；7 栋 13 层的框剪结构小高层，建筑高度为 38m；3 栋一层商业，建筑高度为 3.6m。其余事项因设计图纸未完善，暂未标明。

场地特点：场区内道路硬化完善，交通较为便利，四周均为城市道路，对做好防尘工作要求较高。

2. 扬尘管理目标

（1）施工扬尘污染控制达标。

（2）无市民重大投诉。

（3）无因施工扬尘控制不善造成的上级处罚和通报批评。

（4）上级部门检查验收达标。

（5）创建施工扬尘污染控制示范工地。

（6）严格按照焦作市相关文件目标实施。

（7）严格落实 7 个 100%，即：

施工现场围挡率达到 100%；

施工现场地面硬化达到 100%；

施工现场出入口车辆冲洗达到 100%；

施工现场湿法作业率达到 100%；

运输车辆密闭率达到 100%；

监控安装联网达到 100%；

施工现场物料堆放覆盖率达到 100%。

从文明施工、扬尘治理着手，采取多项举措力促文明施工。

3. 扬尘控制分析

（1）控制要点：

1）工地围墙及大门封闭控制；

2）现场硬地坪施工；

3）现场材料进出扬尘控制；

4）混凝土使用控制；

5）土方施工扬尘控制；

6）砂浆的使用；

7）建筑垃圾处理；

8）生活垃圾处理；

9）工地脚手架施工现场扬尘控制；

10）结构楼层施工扬尘控制；

11）木工房管理；

12）装饰施工阶段扬尘控制。

（2）控制清单见表 3-9。

扬尘控制清单 表 3-9

序号	作业活动	重大环境因素	可能导致环境影响	控制措施
1	建筑及生活垃圾的排放	土壤污染	影响市容环境 造成土壤变质	公司废弃物管理规定
2	泥浆及生活污水排放	废水排放	堵塞城市管道 影响居民生活	二级沉淀，三级排放
3	道路楼层清扫	扬尘污染	影响市容环境 影响职工健康	制定施工扬尘专项控制方案
4	脚手架清理	扬尘污染	影响市容环境 影响职工健康	制定施工扬尘专项控制方案
5	木工作业	扬尘污染	影响市容环境 影响职工健康	制定施工扬尘专项控制方案

序号	作业活动	重大环境因素	可能导致环境影响	控制措施
6	垃圾、材料运输	扬尘污染	影响市容环境	制定施工扬尘专项控制方案
7	露天材料堆放	扬尘污染	影响市容环境 影响职工健康	制定施工扬尘专项控制方案
8	土方外运	扬尘污染	影响市容环境	制定施工扬尘专项控制方案

4. 组织机构与责任考核

(1) 项目部扬尘控制领导小组，负责施工现场扬尘污染控制的策划、组织、落实、并从财力、物力、人力上实施战略布置。

(2) 直线制组织机构建立：

组　　长：项目经理

副组长：执行经理、生产经理、总工

组　　员：安质室、技术主管、物资室、综合办公室、会计

(3) 岗位职责：

组　　长：负责全面管理，与有关部门进行协调，定期组织检查。

副组长：具体负责做好扬尘治理的落实、安排、指挥等各项管理工作。负责日常检查、定期检查的组织，全员扬尘治理工作的教育，配合做好现场宣传工作。具体负责现场扬尘治理各项工作的协调。负责项目扬尘治理工作的宣传、培训工作。

组员之安质室：具体负责扬尘治理的日常监督检查工作，检查通报的起草，扬尘预防治理培训宣讲。

组员之技术主管：负责对现场扬尘治理情况进行监督，扬尘治理措施的制定，扬尘预防治理培训参加人员的组织。

组员之物资室：负责项目扬尘污染防治物资准备，确保现场材料存放规范，租赁周转材料及时退租。

组员之综合办公室：负责扬尘治理的相关资料的收集、整理；扬尘治理的宣传；培训工作会场安排、资料收集整理。

组员之会计：负责扬尘污染防治费及时到位，专款专用，列账清晰便于检查。

组员之合同预算室：负责扬尘污染防治费及时计提。

(4) 责任制考核

1) 项目经理是施工扬尘污染控制的责任人，须对施工现场的扬尘污染控制负全面责任；

2) 各级管理岗位人员须将施工扬尘控制列入施工全过程管理的范畴，对照自己的指责，加强管理；

3) 班组长是施工扬尘污染控制的第一责任人，须对施工现场的扬尘污染控制负全面责任；

4) 项目部与各施工班组操作人员落实施工扬尘控制责任，制定奖罚制度，以推动施工扬尘污染控制的进程。

（5）检查及奖罚

1）项目部每周由项目经理带队，组织扬尘小组人员及班组负责人，对现场进行一次扬尘治理情况大检查，具体情况在检查后向各责任人进行通报，并发整改通知单，明确整改人、整改时间及整改要求。

2）对环境污染严重的问题，项目部必须局部或全面停工进行整改。

3）对检查出问题的，未按时整改的或整改不到位的，处罚 500 元。

4）在检查中对扬尘治理工作中表现突出队伍奖励 500 元。

5. 扬尘防治标准

（1）严格按照扬尘治理专项实施方案治理，设置相应的扬尘治理公示牌。

（2）施工现场周边必须设置硬质围墙或围挡，严禁围挡不严或随意敞开式施工并在场区四周围挡设置喷淋系统，间隔 4m 设置一个喷淋点。城区主干道两侧的围墙高度不低于 2.5m，一般路段高度不低于 1.8m。倾斜或不规整时要及时修整，确保规范。

（3）施工现场出入口和场内主要道路、加工区、办公区、生活区地面必须进行混凝土硬化处理，硬化后的地面应清扫整洁无浮土、积土，严禁使用其他软质材料铺设。硬化区域周边部分裸露部位必须绿化或采用 1～3cm 粒径碎石干铺固化。

（4）施工现场出入口必须设置定型化自动车辆冲洗设施，建立冲洗制度并设专人管理。确保带有泥土的车辆经冲洗干净后才能驶入城市街道。并随时保持场地内干净、整洁。洗车池尺寸大小为 3700mm×3000mm，护栏高度为 1200mm。施工现场出入口处设置一台防尘喷雾机。在工程后期不具备设置条件时，要设置小型人工冲洗设备，安排专人负责冲洗。

（5）在施工道路中配备机动洒水车，专人进行洒水，时刻保持地面湿润不扬尘。在施工作业区主要扬尘部位要配备洒水、喷雾设备，实施不定时喷洒，不得造成作业时扬尘。

（6）施工现场裸露的黄土、土方、渣土、散材必须采取绿化、固化或覆盖等措施处理。要使用不低于 4 针加密型材质网布有效覆盖，接缝处用扎丝绑扎牢固或用 U 型钢扎实，确保接缝严密，不易被风刮开。

（7）施工现场必须设置垃圾存放点，施工垃圾应密闭存放或覆盖，及时清运。生活垃圾应用密闭容器存放，日产日清，严禁随意丢弃。

（8）施工现场易飞扬的细颗粒建筑材料，必须密闭存放或严密覆盖，严禁露天放置；因外墙石材安装、边坡支护等施工工艺要求必须在现场切割、拌合的，应搭设封闭防尘棚，防止扬尘；材料搬运时应有降尘措施，余料及时回收。

（9）施工现场材料堆放区域必须进行地面硬化或固化。材料堆放要规整，型材成垛、散材成方，不得随意堆放、杂乱无章。

（10）建筑主体施工时必须在拆模后进行楼层建筑垃圾彻底清理并用水冲洗干净，确保不扬尘。主体临边应采用密目式安全立网全封闭防护，做到安全牢固、无破损、每月底要进行一次密目网清洗，保持清洁。

（11）施工现场运送土方、渣土车辆必须封闭或遮盖严密，严禁使用未办理相关手续的渣土运输车辆。车辆驶出大门时进行轮胎冲洗，严禁带泥上路。

（12）拆除施工现场内的建筑物、构筑物时，必须采用围挡隔离、喷淋、洒水等降尘措施，及时清运拆除的建筑垃圾。严禁敞开式拆除和长时间堆放建筑垃圾。

（13）建筑物内清扫垃圾时要洒水抑尘，施工层建筑垃圾必须装袋使用垂直升降机械清运，严禁凌空抛洒和焚烧垃圾。

（14）工程进入室外管网、绿化、铺装等尾期施工阶段，应设置临时围挡，裸露场地、管沟堆土、材料堆放须采用防尘覆盖，做到湿法作业、工完场清料净、覆盖及时到位。

（15）遇四级以上大风或重度污染天气时，应立即停止土方作业，采取喷雾、洒水等抑尘措施。及时检查土方、易扬尘材料的覆盖以及施工现场围挡状况，发现问题及时恢复，确保抑尘措施到位。

（16）施工现场应根据规模设置专职保洁人员，负责工地内及工地大门口围墙处责任范围内的环境卫生，必须建立洒水清扫抑尘制度，配备洒水冲洗设备。每天洒水不少四次，重污染天气时相应增加洒水频次。始终保持地面潮湿不扬尘。

（17）建筑施工现场必须使用商品混凝土、预拌砂浆，严禁现场搅拌。

（18）在建工程必须在大门口处和制高点安装扬尘放置远程监控设备，确保及时发现扬尘污染，确保正常使用。责任单位不得随意拔掉电源、损毁设备、逃避监管。

（19）项目内待开工地块必须封闭围墙（挡），裸露黄土必须采取绿化、固化或遮盖等措施，要明确专人管理，确保场地内不积存垃圾，覆盖到位。

6. 扬尘防治实施的具体措施

（1）日常管理

1）施工现场保洁

①施工现场四周采用封闭的实体墙围挡，墙高 2.5m。

②施工区内派清扫班每日进行定时清扫，及时洒水，确保路面清洁。

③日常车辆进料必须对车辆进行冲洗，保证灰土不带出工地。

④生活区、办公区由保洁员每天进行日常清扫工作。

A. 每日进行 1～2 次清扫，清扫的灰尘和垃圾必须及时处理至垃圾存放点，不得滞留；

B. 在清扫前，必须对路面、地面进行洒水，防止清扫时产生扬尘而污染周边环境；

C. 车辆进料必须进行登记，车辆出门必须进行清洗，入料车辆拒不执行洗车，一律不予放行，并及时报告项目部；

D. 做好保卫工作，与本工程无关的扬尘污染源禁止带进工地；

E. 生活区垃圾箱必须及时更换垃圾袋，及时清运，及时上盖；

F. 项目配备洒水车，每日在项目场区内洒水。

2）沉淀池

施工现场的沉淀池由清扫班清扫，并形成记录。

①工地内沉淀必须设置沉淀池；

②日常每周一次沉淀池进行清理，特殊情况下（如浇灌混凝土）必须及时清理，保证管道畅通；

③不得将漂浮物和固体物件排入沉淀池；

④专池专用，不得代替其他排水池；

⑤不得损坏沉淀池；

⑥定期对沉淀池的沉淀排污情况进行检查，保证排污达标。

3）专用建筑临时储存间管理

①建筑垃圾必须分类堆放，不得混堆；

②禁止超量堆放；

③保持周边清洁，不得散落；

④及时做好记录。

4）木工棚管理

木工棚由木工机械操作员日常负责管理，必须确保木工棚产生的粉尘、废料不污染环境。

①木工棚由木工机械操作员管理；

②保持木工棚整齐、整洁、及时清理锯木及废料，锯木及刨花等必须装袋后清运至指定地点，必要时可进行喷水湿润后再清理；

③专棚专用，禁止将木工棚作他用。

5）垃圾及材料运输管理

垃圾及砂石等材料的运输，能导致在运输途中的撒、漏、扬等不良现象，造成扬尘污染和其他环境影响，必须实施控制。

①垃圾的清运和砂石材料的进场必须由车厢自动翻盖的车辆实施封闭运输，无此设备的车辆禁止进场运输；

②禁止超载，必须保证车厢封闭完整，不留漏缝；

③车辆出门必须用水冲洗；

④自动反倒时必须缓慢进行，禁止猛加油门而造成排气管冲灰产生扬尘。

6）露天材料堆放管理

钢筋、黄砂、石子等均为工地露天堆放材料，如管理不好，将产生钢筋粉飞扬、砂石尘飞扬等粉尘污染，因此必须加以控制。

①严格控制成型钢筋进场，钢筋进场后即整理归堆上架，做好标识；

②石子、黄砂堆放在专用池槽，控制进料量，做到随到随用，不得大量囤积；

③石子、黄砂必须堆积方正，底脚整齐、干净，并将周边及上方拍平压实，用密目网进行覆盖，如过分干燥，必须及时洒水；

④使用砂石时禁止将所有遮盖的密目网全部打开，稍打开一角，用后拍平盖好。

（2）阶段性管理

在加强基础设施日常管理同时，必须按以下五个阶段进行动态管理，由负责人定期或不定期做好扬尘污染的监控工作。

1）临时设施阶段

①施工范围进行封闭施工，保持施工场地整洁、整齐、平顺、美观；

②将工地进出口用混凝土进行硬化，并设置冲洗设备及沉淀池等，施工运输车辆、设备出工地前必须作除尘、除泥处理，防止出场车辆将泥土、尘土带入城市道路；

③风速四级以上易产生扬尘时，要采取有效措施，防止尘土飞散；

④对可能产生粉尘的施工，采取先洒水或在施工中喷水的办法减少粉尘的产生，尽可能选用环保的低排放施工机械，并在排气口下方的地面浇水冲洗干净，防止排气将尘土扬起飞散；

⑤认真落实"门前三包"责任制。

2）基础施工阶段

①与土方施工单位签订文明施工管理协议，协议中必须强调防止施工扬尘污染的责任制，共同做好扬尘控制；

②工程土方开挖时合理安排施工进度与车辆，做到随挖随外运；防尘喷雾机随土方开挖进度及时设置跟进降尘抑尘；

③除做好硬地坪外，其他露土部位必须保持密实，不得随意开挖翻土；

④土方的暂时堆放除按要求防止扬尘产生外，还应设置围挡，防止扬尘进入水体，特别是在雨季，应采取措施防止扬尘随雨水冲刷进入水体或市政雨水管道。弃土要在指定地点进行填筑，回填场地如暂时不予利用，应进行表面种植培养，防止水土流失。

3）结构施工阶段

①所搭设的脚手架必须全部用密目网进行外围封闭，无损坏和漏洞，旧网在使用前必须清洗干净；

②结构周边的临边防护必须用密目网设置，底部设置防空隙的踢脚板，防止垃圾从楼层外围散落而产生扬尘；

③现场一律使用商品混凝土和预拌砂浆；

④楼层清理垃圾时，预先洒水湿润。待湿透后再进行清扫，各楼层垃圾集中堆放，用劳动车从施工升降机清运至地面，为防止垃圾在清理时因风吹、抖动而产生扬尘，在使用劳动车清运时，每部车上都必须遮盖密目网。禁止从预留洞、内天井或电梯井向下抛扔垃圾，更不准从结构外围抛扔垃圾；

⑤清理脚手架垃圾时，禁止抛翻和拍打竹底笆，必须预先进行洒水，然后用扫把清扫，集中堆放在楼层内，用劳动车运下；

⑥清扫电梯井垃圾时，禁止使用抖动安全网的方法，必须用特殊工具伸入网内进行舀清；

4）装饰施工阶段

①由于装饰期间的建筑垃圾品种较多，故在现场设置的垃圾堆放点必须进行分隔，以便分类堆放装饰建筑垃圾；

②在进行大理石等石材切割或磨光时，必须设置专用封闭式的切割间，操作人员必须戴好口罩；

③拆除脚手架，禁止直接掀翻竹架板，必须先行洒水并清理垃圾；

④施工现场禁止焚烧垃圾废料等；

⑤装饰用的石膏粉、腻子粉等必须袋装，并装入库集中管理；

⑥装饰阶段应相应组织石材、木制半成品进入施工现场，实施装配式施工，减少因切割石材、木制品所产生的扬尘污染。

⑦工程结束前不得拆除工地围墙，如因正式围墙施工妨碍必须拆除临时围墙时，必须设置临时围墙挡措施；

第4节 绿色施工科技示范工程

绿色施工科技示范工程是指绿色施工过程中应用和创新先进适用技术，在节材、节能、节地、节水和减少环境污染等方面取得显著社会、环境与经济效益，具有辐射带动作用的建设工程施工项目。

3.4.1 背景资料

某国际机场航站楼指廊工程，地处海南地区，建筑面积约 78070.4 m²。指廊东西向远端距离 750m，南北向远端距离 405m。东北和西北指廊长度 218m，宽度 42m，指廊端头为放大值机区，直径 70m；东南和西南指廊长度 163m，宽度 34/42m。指廊工程地上三层、无地下室，檐口高度 23.825m，层高分别为 4.5m、3.8m。指廊基础采用桩基承台＋抗水板基础，桩基桩型为端承摩擦型钻孔灌注桩，桩端后注浆施工工艺。

主体结构采用钢筋混凝土框架结构，钢筋混凝土柱均为圆柱，柱网模数 8×9m、16×9m。

楼板采用钢筋混凝土全现浇主次梁楼盖体系。屋盖采用平面桁架支承单层交叉网格结构，支承结构为钢管柱。指廊屋面为金属屋面，并设采光天窗。指廊外檐采用玻璃幕墙。

工程创优创奖目标：创中国建筑工程鲁班奖、创中国土木工程詹天佑奖、住房和城乡建设部绿色施工科技示范工程、国家级 AAA 安全文明标准化示范工地、观摩示范标准化工地等。

3.4.2 核心要点分析

建设工程施工阶段要严格按照建设工程规划、设计要求，通过建立管理体系和管理制度，采取有效的技术措施，全面贯彻落实国家关于资源节约和环境保护的政策，最大限度节约资源，减少施工活动对环境造成的不利影响，提高施工人员的职业健康安全水平，保护施工人员的安全与健康。

（1）合理规划场地布置，提高临时设施周转率，做好永临结合。

四条指廊全部位于飞行区，航站区与飞行区围界转换较快，围墙采用可周转的铁皮围挡和预制基础块；航站区指廊内侧场地布设应结合结构、装修机电安装等各阶段的特点，充分考虑地下管线、登机廊桥基础位置等，利用 BIM 演化，保证硬化的加工场地和搭建的板房能够适应各阶段使用，避免因影响其他施工而拆除的风险；在塔吊覆盖不到不能作为工程材料设备使用的场地，充分做好场地策划，作为样板区、安全体验区、绿化区等，楼座外非行车场地采用当地火山岩碎石进行覆盖，减少了混凝土硬化用量；飞行区场道已做完的基层水稳层，增加保护措施后，作为进场的钢结构管桁架的加工与制作场地。

（2）利用指廊工程结构形式和工期要求，最大限度提高材料周转率。

该航站楼指廊工程，分为东北指廊、东南指廊（东区）、西北指廊、西南指廊（西区），东区和西区为镜像关系，结构形式相同。在总体施工部署上，在保证工期和质量双控目标下，充分做好分区分段流水施工方案优化，保证了劳务投入和模板料具的周转率，最大限度提高吊装效率。同时，现场安全防护和加工场地全部采用集团标准化栏杆和可周转加工棚，一次投入，多次周转；现场办公用房和库房，全部使用可周转的集装箱房，大大节省了临建基础与装修施工等工作，达到节材、节能、节约施工成本等目的。

（3）充分利用当地绿植资源和太阳能资源，打造花园式绿色智能样板工地。

该项目施工场地，原为农户种植苗圃，项目将苗圃大量移植在施工现场和生活办公区绿化美化，大量减少了硬化面积，节约了硬化混凝土，同时也响应了设计理念，创建花园式工地。海南省有着丰富的太阳能资源，年均日照天数 225d，一年光照时长可达 2400h

以上，在工程现场和办公生活区均大量采用光伏照明系统，生活淋浴热水均采用太阳能热水器，生活区多处应用太阳能先进设备，如采用太阳能灭虫，太阳能烘干，太阳能室内照明等，最大限度节约电能。

（4）推广应用《建筑业 10 项新技术》，挖掘绿色施工创新技术。

工程采用《建筑业 10 项新技术》中 9 大项，32 小项新技术；在运营绿色科技及创新技术中，引进可调钢筋连接技术、超长混凝土结构裂缝控制技术及钢结构管桁架提升技术等多项创新技术应用。

3.4.3 方案实施

1. 绿色施工目标

依据《住房和城乡建设部绿色施工科技示范工程技术指标》并结合工程实际情况和特点，制定切实可行的绿色施工量化控制目标。

（1）节地和土地资源利用目标见表 3-10。

节约用地目标 表 3-10

项目	目标值
临时用地指标	临建设施占地面积有效利用率大于 90%
施工总平面图布置	职工宿舍使用面积满足 2.5m²/人

（2）节材与材料资源利用目标见表 3-11。

节约材料目标 表 3-11

项目	目标值
节材措施	就地取材，距现场 500km 以内生产的建筑材料用量占比
结构材料	材料总用量 80%； 钢筋目标损耗率 1.75%； 混凝土目标损耗率 1.05%； 加气混凝土砌块目标损耗率 1.5%； 模板平均周转次数 6 次
装饰装修材料	损耗率比定额损耗率降低 30%
周转材料	工地临房、临时围挡材料的可重复使用率达到 80%
资源再生利用	建筑材料包装物回收率 100%

（3）节水与水资源利用目标见表 3-12。

节约用水目标 表 3-12

项目	目标值
提高用水效率	节水设备（设施）配置率 100%
非传统水源利用	非传统水源和循环水的再利用量大于 30%
目标耗水量	基础阶段 2.5m³/万元产值； 主体阶段 2.2m³/万元产值； 装饰装修阶段 2.7m³/万元产值

（4）节能和能源利用目标见表 3-13。

节约能源目标　　　　　　表 3-13

项目	目标值
现场照明	现场节能灯具的使用率 100%； 照度不超过最低照度的 20%
目标电耗	基础阶段：60kW·h/万元产值； 主体阶段：64kW·h/万元产值； 装饰装修阶段：58kW·h/万元产值

（5）环境保护目标见表 3-14。

环境保护目标　　　　　　表 3-14

项目	目标值
扬尘控制	土方作业阶段：目测扬尘高度小于 1.5m； 结构施工阶段：目测扬尘高度小于 0.5m； 安装装饰阶段：目测扬尘高度小于 0.5m
建筑废弃物控制	每万平方米建筑垃圾量控制在 280t 以下，建筑垃圾再利用和回收率 ≥50%； 有毒、有害废弃物分类率达 100%
噪声与振动控制	各施工阶段昼间噪声：≤70dB； 各施工阶段夜间噪声：≤55dB
水污染控制	施工现场污水排放符合现行相关标准的有关要求； 污水 pH 值达到 6～9
有害气体排放控制	电焊烟气的排放应符合现行相关标准的规定

2. 绿色施工管理

（1）建立绿色施工管理组织机构，明确各部门、各岗位职责。

（2）制定各项管理制度，明确负责实施的责任部门和责任人。

（3）绿色施工技术管理

施工组织设计及各分项工程施工方案有绿色施工章节，明确绿色施工目标及要求；根据《住房和城乡建设部绿色施工科技示范工程技术指标》，结合本工程实际情况和特点编制《绿色施工方案》；图纸会审、深化设计需考虑绿色施工要求；工程技术交底记录包含绿色施工内容。

（4）评价管理

1）自我评价

①项目自我评价阶段分为地基与基础工程、结构工程、装饰装修工程和机电安装工程；

②评价要素包括技术创新与应用、施工管理、环境保护、节材与材料资源利用、节水与水资源利用、节能与能源利用和节地与土地资源保护七个要素；

③评价频次：每个阶段每 2 个月评价一次，每个阶段不少于一次；

④根据《住房和城乡建设部绿色施工科技示范工程技术指标（试行）》进行自我评价。

"技术指标"中共有 87 项要求，其中控制项为 56 项。控制项必须完全符合要求，其他内容符合率达到 75% 即为合格。

2）评价分析和持续改进

项目部每次自我评价后召开评价分析会，根据自我评价记录，对存在的问题确定整改时间、整改人员和整改措施进行整改，并对整改结果进行评价，持续改进，确保各项指标完成。

3. 绿色施工措施

（1）节地与施工用地保护措施

1）停车场利用原有土地铺植草砖，避免车辆破坏原有土质；

2）施工现场进行绿化及硬化，办公生活区打造花园式景观。实施效果如图 3-6、图 3-7 所示。

图 3-6 办公区效果图　　　　　　图 3-7 施工现场效果图

3）材料有序码放，如图 3-8、图 3-9 所示。

图 3-8 材料场地提高利用率示意图　　　图 3-9 材料有序码放管理示意图

（2）节材与材料资源利用措施

1）在进行钢筋采购前使用广联达软件进行钢筋优化，并优化钢筋下料方案，减少钢筋浪费；制定材料限额领料存放制度，提高周转效率；使用剩余混凝土制作混凝土预制块，铺设地面，减少废旧材料浪费。优化混凝土配合比，通过粉煤灰、矿粉、减水剂的应用，降低水泥及水的使用；

2）本工程全部使用商品混凝土和散装预拌砂浆；

3）钢筋接头采用直螺纹连接，并采用成品切割机进行端头切割，避免使用无齿锯等造成材料及电能的浪费，同时避免使用搭接方式，节约钢筋；

4）应用 BIM 技术对钢筋复杂节点和钢筋与钢结构连接节点进行深化，如图 3-10、图 3-11 所示；

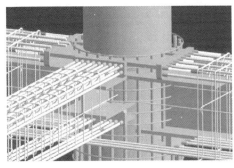

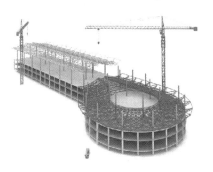

图 3-10　梁柱节点 BIM 应用示意图　　　　图 3-11　钢结构分段整体提升示意图

5）填充墙砌筑施工前进行深化设计，对蒸压加气混凝土砌块墙体进行排版，减少切砌块产生的损耗，砌筑时落地灰及时清理，收集再利用。如图 3-12、图 3-13 所示；

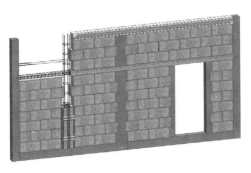

图 3-12　填充墙排版图示意图　　　　　　图 3-13　砌筑样板示意图

6）利用废旧模板用于结构预留孔洞的防护、成品楼梯防护、二次结构钢筋保护等；钢筋废料制作成马镫、预埋件、定位钢筋等；

7）现场机械加工棚、安全防护及围挡等按照集团标准化使用定型可周转材料，现场库房及办公用房均使用集装箱房，实现材料设施周转目标；

8）使用自动化办公系统软件，减少不必要的纸质文件，节约纸张，现场办公用纸应分类摆放，纸张两面使用，废纸定期回收。

（3）节水与水资源利用措施

1）根据工程特点和施工现场情况，分别确定生活用水与工程用水定额指标，办公区、生活区、生产区用水分别计量考核管理。签订不同标段分包或劳务合同时，将节水定额指标纳入合同条款，进行计量考核；

2）办公区、生活区的生活用水采用节水器具，节水器具配置率达到 100%。浴室、盥洗室、食堂张贴节水标语。如图 3-14、图 3-15 所示；

图 3-14　感应式洗手池效果图

图 3-15　感应式小便斗效果图

3）设置雨水收集池，将收集的雨水进行灌溉、洗车等工作。

（4）节能和能源利用措施

1）对施工现场的生产、生活、办公分别设定用电控制指标，生产、办公、生活用电分别计量、统计、核算、对比分析；

2）使用国家、行业推荐的节能、高效、环保的施工设备和机具，如变频式塔式起重机、变频式水泵等。不使用国家、行业、地方政府明令淘汰的施工设备机具和产品；

3）项目部办公用电处张贴节能标识，创建全员节能型项目部；在工人生活区使用36V USB 插座充电设备，减少能耗。如图 3-16、图 3-17 所示；

图 3-16　节能标识示意图

图 3-17　USB 节能充电插座示意图

4）在楼道处安装 LED 消防应急照明灯，通过光控装置减少能源浪费；灯具采用LED 节能灯。如图 3-18、图 3-19 所示；

图 3-18　LED 消防应急节能照明示意图

图 3-19　室内灯具示意图

5）优先选用新型清洁能源，包括太阳能照明灯具、热水器、装饰灯，利用太阳能进行照明与部分居住热水供应；引入空气能热水器，使用空气压缩能提供项目部淋浴间热水，充分达到节能环保目的；

6）生产、生活及办公临时设施的体形、朝向合理，充分利用自然通风和采光；

7）合理安排工序和施工进度，提高各种机械的使用率和满载率。塔吊跨区覆盖，实现施工机具资源共享。

（5）环境保护措施

1）运送土方、渣土等易产生扬尘的车辆采用密闭式车辆，现场进出口设置高效洗轮机，进出现场车辆进行冲洗清洁，购置成品洒水车；预拌砂浆采用密闭砂浆罐存放。如图 3-20、图 3-21、图 3-22 所示；

图 3-20　洗车池示意图　　　图 3-21　砂浆罐示意图　　　图 3-22　洒水车示意图

2）裸露的场地采用多种方式进行覆盖处理，可绿化区进行充分绿化；易产生扬尘的施工作业采取遮挡、抑尘等措施；

3）对进出场车辆及机械设备进行检查，查验其尾气排放是否符合国家年检要求，并进行登记记录。无绿色环保标志车辆禁止进入施工现场。现场污染气体的排放要符合相关要求；

4）食堂使用电或液化石油气等清洁燃料，食堂设置油烟净化装置，并定期维护保养；

5）现场设置可分类封闭垃圾站，定期分拣重复利用，建筑垃圾回收利用率达到 50％；生活垃圾桶定期消毒，定期清运；废墨盒、电池等有毒有害的废弃物封闭分类回收；

6）基础桩废桩头除粉碎用于道路回填外，同时利用开挖出的孤石雕刻出文化石；

7）施工现场夜间室外照明采用 LED 带可调角度灯罩式灯具，透光方向集中在施工范围，保证强光线不射出工地外；电焊作业采取遮挡措施，避免电焊弧光外泄。

4. 绿色科技创新与应用

（1）推广技术应用

项目结合绿色施工目标，应用了住房和城乡建设部《建筑业 10 项新技术》（2010）中的 9 个大项，32 个子项。见表 3-15。

建筑业绿色施工项目实施概况表　　　　　　　　　表 3-15

序号	子分部工程	分项工程
1	地基基础和地下空间工程技术	灌注桩后注浆技术

序号	子分部工程	分项工程
2	机电安装工程技术	基于BIM的管线综合布置技术 机电消声减震综合施工技术 建筑机电系统全过程调试技术
3	绿色施工技术	建筑垃圾减量化与资源化利用技术 施工现场太阳能、空气能利用技术 施工扬尘控制技术 施工噪声控制技术 工具式定型化临时设施技术 混凝土楼地面一次成型技术
4	防水技术与围护结构节能	地下工程预铺反粘防水技术 聚氨酯防水涂料施工技术
5	信息化应用技术	基于BIM的现场施工管理信息技术 基于互联网的项目多方协同管理技术 基于移动互联网的项目动态管理信息技术
6	抗震、加固与检测技术	大型复杂结构施工安全性监测技术
7	钢筋与混凝土技术	高耐久性混凝土技术 高强高性能混凝土技术 自密实混凝土技术 混凝土裂缝控制技术 高强钢筋应用技术 高强钢筋直螺纹连接技术 预应力技术 钢筋机械锚固技术 高性能钢材应用技术 钢结构虚拟预拼装技术
8	钢结构技术	钢结构高效焊接技术 钢结构滑移、顶（提）升技术 钢结构防腐防火技术 钢与混凝土组合结构应用技术
9	模板脚手架技术	清水混凝土模板技术 销键型脚手架及支撑架技术

（2）智慧工地建设应用

1）办公生活区监控系统

视频监控应用于施工现场办公生活区，是计算机网络技术在工程建设领域应用的提升，有效地辅助项目部管理水平的提高，对降低施工成本、消除事故隐患起到了重要作用，同时加强了办公生活区的治安管理，促进社会的稳定和谐。

2）塔式起重机防碰撞管理系统

通过吊重传感器、回转传感器、幅度传感器、高度传感器等多项智能终端采集设备，将塔机实时运行状态数据化展现出来，超过警戒值预警并截断，有效预防塔式起重机超重、碰撞、倾覆等安全事故。

3）施工现场及办公生活区门禁、劳务管理系统

施工现场和办公生活区安装门禁闸机系统，工人进出施工现场和生活区刷卡出入，显

示屏显示工人姓名、年龄、所属劳务队、工种、照片、接受安全教育情况等信息,方便保安人员进行核对。智能劳务管理系统根据门禁闸机提供的数据,统计每日施工现场各劳务队出勤人数自动生成考勤表,并可自动统计各劳务队工人总数、各工种人数、生活区住宿人数及工人每月工时情况,实现智慧型治安管理、劳务管理。

4)施工现场二维码指示牌

施工现场采用 BIM+二维码技术,使得施工现场构件原始数据具有可追溯性。

(3)技术创新

钢筋与钢结构节点可调式钢筋连接器技术

将框架梁、柱钢筋与钢管柱牛腿连接节点由焊接方式优化为可调连接器连接,在钢结构加工厂提前将可焊接套筒焊接在牛腿钢板上,现场通过可调式钢筋连接器与钢筋连接。本工程使用了 10376 个钢筋与钢结构器连接,此方法现场施工操作简便,节省了有效工期15d,节约钢筋 10.48t,节约电能 630kw·h,降低工程成本 20 万元。相比焊接连接方式,避免焊接高温对钢板的形变影响,保证施工质量,减少了焊接作业对环境的废气污染和光污染。如图 3-23、图 3-24 所示。

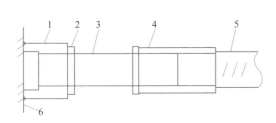

1—焊接头;2—紧固螺母;3—连接杆;
4—连接套;5—钢筋;6—钢结构

图 3-23　可调连接器构造图　　　　　　图 3-24　可调钢筋连接器示意图

(4)BIM 技术应用

1)在施工前期进行 BIM 建模工作,将施工过程进行提前动画演示,避免现场返工产生,减少现场交叉作业造成的浪费。如图 3-25~图 3-27 所示。

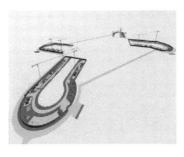

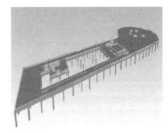

图 3-25　桩基阶段模拟图　　　图 3-26　施工现场布置图　　　图 3-27　现场临边防护示意图

2)利用 BIM 建模技术进行现场施工交底,更直观表示建筑内容,通过 BIM 精确算量,提前进行提料工作,避免材料的浪费。如图 3-28~图 3-30 所示。

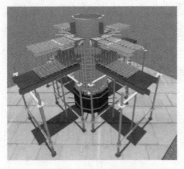
图 3-28   组合节点模型图

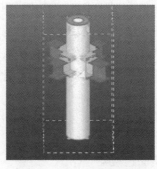
图 3-29   牛腿节点模型图

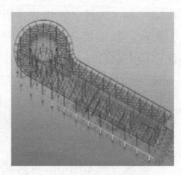
图 3-30   钢屋架模型图

3）经过 BIM 安装综合深化设计，解决各专业管线碰撞问题，对复杂节点优化管线排布；弧形走廊管线种类多，净空高度要求高，利用 BIM 技术模拟管线安装，模拟管件弯头的度数，提前发现安装难点。

4）利用模板文件及工作集，形成综合 BIM 模型，进行"虚拟施工"。通过模板文件完成标准化出图。

3.4.4   效果总结

通过绿色施工科技示范工程的创建，加强了全体参建人员绿色施工意识，提高了工程的节能、节地、节约资源水平，实现了资源的高效利用；最大限度地保护了环境，实现了人与自然的和谐共处。同时，为绿色施工技术的规模化应用提供了更为便捷的参考方式，让更多地区和单位可以快速应用绿色施工技术进行规模化及规范化施工；更有利于行业规范及国家规范的更新和编制，对整个国民经济的发展起到推动性作用。

第4章　建筑施工标准化建设

第1节　建筑施工企业质量标准化建设

4.1.1　质量管理标准化岗位责任制度

1. 公司各部门的质量责任制

工程施工切实把工程质量摆在经济工作的首位，贯彻落实"百年大计、质量第一"的方针，以质量求生存，以信誉求发展，全面贯彻建筑企业质量责任制。

（1）公司总经理的质量责任；

（2）公司副总经理的质量责任；

（3）总工程师的质量责任；

（4）技术质量部的质量责任；

（5）生产安全部的质量责任；

（6）公司办公室的质量责任。

2. 项目经理部的质量责任制

项目经理部是工程管理第一线，项目经理是项目工程质量第一责任人，负责组织开展各项质量管理工作，对工程合同履行承担领导责任，对承建工程的施工质量全面负责。

（1）项目经理的质量责任；

（2）项目总工程师的质量责任；

（3）质量员的质量责任；

（4）施工员的质量责任；

（5）试验员的质量责任；

（6）测量员的质量责任；

（7）材料员的质量责任；

（8）安全员的质量责任；

（9）资料员的质量责任；

（10）施工班组的质量责任。

4.1.2　质量管理培训

1. 质量管理培训的目的

（1）企业全员职工了解国家质量管理法律法规、标准规范，牢固树立质量第一的思想。

（2）加强过程质量控制，强化责任追究，提高全员质量素质。

（3）强化体系意识，使各管理人员和施工人员都能明确质量管理体系所规定的责任和权限，并按要求履行。

2. 质量管理培训对象

企业管理人员，项目经理部各部门管理人员，施工人员，班组操作人员及工人。

3. 培训类型

（1）全员质量教育培训：由企业技术质量部对企业管理人员、项目管理人员进行一次质量教育。

（2）重点人员质量教育培训：对质量管理人员、专职质检人员、施工人员进行重点人员质量教育培训。

（3）专项质量教育：根据项目工程特点，组织质量管理人员及作业人员进行专项的基本质量技术培训。

4. 培训形式

（1）文件宣传、图片展示、板报展览等。

（2）召开质量专题会。

（3）授课、讲座。

5. 培训内容

（1）国家、行业法律法规、标准规范。

（2）企业质量管理手册。

（3）项目经理部相关质量保证体系文件、专项施工方案等。

第 2 节　项目工程实体质量标准化建设

4.2.1　质量计划与《施工组织设计》的关系

质量计划是针对特定的产品、服务、合同或工程项目规定专门的质量措施、资源和活动顺序的文件。质量计划可作为对外针对特定工程项目的质量保证和对内针对特定工程项目质量管理的依据。

（1）《质量计划》是以完成特定工程项目合同质量要求为目标，具体贯彻 ISO 9001 标准，开展对外质量保证职能的一种质量体系文件。它既是企业内部具体落实公司质量管理体系文件的操作性文件，又是向外部展示公司质量保证能力的文件。

（2）《施工组织设计》是以单位工程为对象所编制的用以指导施工组织活动的技术性文件。它是以全面完成工程合同为目标的，主要侧重企业内部的现场施工组织与技术管理，而较少涉对外质量保证的问题，因此它不能向外部全面展示企业的质量保证能力和使业主对工程质量产生深刻的信任感。

（3）两个文件在编制内容及作用上的差别

由于《质量计划》与《施工组织设计》的侧重面不一样，因此其作用也不同。现阶段一般要求同时编制两种文件，以满足贯标审核需要及业主（监理）的要求。

在具体编制这两个文件时，应注意避免互相重复，以保证它们的独立性及相容性。如：工程概况，在施工组织设计中就可以多写一些，而在质量计划中就可简要地写；组织结构部分，在质量计划中就应充分地展开，而在施工组织设计中就可简要地说明；质量计划不应涉及施工技术细节方面的内容。

4.2.2　项目质量计划的编制

（1）工程正式开工前由公司与项目部进行项目质量策划，项目依据项目策划组织编制

《项目质量计划》。

（2）对于中小型工程或施工图纸能够一次基本到位的工程，项目应于开工初期完成质量计划的第一版的编制工作。

（3）工程项目质量计划要结合项目施工特点，把质量活动责任到人，岗位工作要标准化。质量计划编制应说明质量活动的具体方法，应具有较高的可操作性，以促进项目施工管理的规范化和标准化。

（4）工程项目质量计划的格式一般按《质量管理体系要求》GB/T 19001—2016 和《质量管理体系 质量计划指南》GB/T 19015—2008 标准的要求编制，单独成册。

质量计划内容应以企业的《质量手册》和程序文件为依据，编制内容尽可能与工程施工项目管理过程相结合，与项目的各项管理制度和施工组织设计相结合。

（5）质量计划一般分综合性内容和具体性内容两大方面，综合性内容包括封面、目录、质量计划的控制规定、修改记录、引用文件和定义；具体性内容包括项目工程概况、质量目标、组织机构和管理职责等。

（6）项目质量计划由项目经理牵头编制，公司质量管理部门审核，公司分管领导批准。

4.2.3　项目质量计划的结构及编制内容

1. 工程概况

主要包括：工程名称、建设地点、工程规模（建筑面积、总投资或工作量）、计划开竣工日期、结构类型、工程的主要特点、现场环境条件、按合同要求承担的工程范围以及工程的业主单位、设计单位、监理单位、第三方质量监督机构名称等。为简化文字，以上内容可列表说明。

2. 总则

（1）项目总目标。

（2）质量计划编制依据。

（3）工程验收准则。

（4）质量计划的管理。

3. 组织机构与职责

阐述本项目经理部的组织机构，明确各主要管理岗位的人员，具体规定他们在质量管理体系中的管理职责和权限。

4. 文件资料的控制

明确本项目主要受控文件的范围：质量体系文件及第三层次文件、标准规范类文件、合同类文件、图纸类文件、施工技术方案类文件以及与质量有关的外来文件等均属受控文件的范畴。

明确文件资料收集、归档的方法及责任者。

5. 与产品有关要求的确定与评审

因项目主要是负责执行项目合同和参与合同修订工作，故不包括招标文件与合同文件签订前的与产品有关要求的确定与评审工作。

（1）对合同修订的管理。

（2）对设计变更和工程洽商的管理。

（3）合同文件的管理。

6. 物资管理

（1）物资采购策划的说明。

（2）对供应商的评价。

（3）业主提供的物资。

（4）物资采购的实施。

（5）分包方采购的物资。

（6）物资的验证。

（7）不合格物资的处理。

（8）记录要求。

7. 工程分包

（1）工程及劳务分包的策划。

（2）分包商的评价。

（3）分包如何选择。

（4）分包合同。

（5）分包商进场验证。

（6）记录要求。

8. 业主提供财产的控制

（1）合同约定。

（2）对业主提供物资的验证。

（3）业主提供物资的贮存与防护。

（4）对业主指定分包商的管理。

9. 标识和可追溯性

（1）物资标识。

（2）施工过程的标识。

（3）检验试验状态的标识。

（4）记录要求。

10. 施工过程控制

（1）确定过程。

（2）关键过程的控制。

（3）特殊过程的控制。

（4）记录要求。

11. 计量器具的管理

（1）管理。

（2）检定。

12. 产品防护

（1）物资的搬运及贮存。

（2）产品防护和交付。

13. 质量记录的管理

质量记录包括了两大类，即：质量体系运行及其有效性记录和工程质量控制及其效果记录。

（1）明确本项目质量记录的主要类别和明细。

（2）明确质量记录的记录、收集、保管等的职责及方法。

14. 培训

（1）确定培训计划与实施。

（2）特殊岗位人员能力的控制。

（3）记录要求。

15. 产品监视和测量

确定进货检验和试验、过程检验和试验、最终检验和试验的过程及其内容，编制各阶段的检验试验计划。

阐明对分包单位检验和试验工作的控制方法及责任人。规定本项目工程产品的检验和试验记录的收集及归档要求。

16. 过程监视和测量

（1）监视和测量的对象。

（2）过程监视和测量的实施。

（3）监视测量频次和记录。

（4）对发现不符合的处理。

17. 不合格品的控制

（1）不合格品的标识、记录。

（2）不合格品的评审和处置。

18. 业主满意

19. 数据分析

（1）数据分析的基础。

（2）数据分析的方法及要求。

20. 纠正和预防措施

明确纠正和预防措施的制订要求及其编制、批准人；明确纠正和预防措施实施后的跟踪验证要求及责任者；明确记录要求。

21. 与上级有关管理部门的业务接口

阐述本项目在有关业务工作上与上级相应部门的业务接口关系及要求上级为本项目所提供必要服务的内容及其完成时间。如：保函工作（财务部配合）、预决算工作（合约部门配合）、CI 工作及现场管理（行政部门及质量安全部配合）、工程创优及竣工验收（质量安全部配合）等。

22. 质量计划的主要附录

（1）工程质量目标分解。

（2）项目组织机构图。

（3）技术方案编制计划表。

（4）项目培训计划。

4.2.4　施工质量标准和具体工艺的样板示范

1. 施工现场的建筑材料质量管理"标准"

（1）管理内容

项目部要加强对建筑材料、构配件和设备的质量管理。材料的进场验收、存放、管理、检测、留样等环节要符合有关规定的要求。

（2）材料存放

项目部对材料堆放、使用进行管理，按照现场平面布置图储存、运输、加工，钢筋加工区、水泥库房、砂石堆场、标养室等位置合理，规范设置。

（3）检测

见证取样检测和实体检测满足以下要求：

1）见证取样检测、实体检测、桩基检测等应签订书面委托合同，见证取样检测应由建设单位委托有资质的检测机构承担，原则上一个工程项目只委托一家检测机构承担见证取样检测业务；保障性安居工程、校舍工程等国有资金投资建设项目，结构实体质量检测应由建设单位委托检测；

2）施工单位根据工程情况，编制见证取样送检计划并报监理单位审批；

3）见证取样数量和检测项目符合设计和规范规定，涉及结构安全和重要使用功能的试块、试件和材料，比例不少于有关技术标准规定取样数量的30%，重点工程、国有资金投资的公共建筑和市政基础设施、保障性安居工程执行见证取样和送检的比例为100%；

4）见证取样人员应取得各省市建设管理部门统一颁发的岗位证书，具备相应资格；每个工程项目的取样员、见证员最低配备均各不少于1人；建筑面积5万 m^2 以上或工程造价5千万元以上工程项目，取样员、见证员最低配备均各不少于2人；

5）取样员和见证员明确后，要书面告知建设单位、施工单位、监理单位、检测单位和该工程的质量监督机构，在施工过程中，不得随意更换；

6）见证员按技术标准进行见证取样，对试样进行唯一性标识，任何单位和个人不得损坏唯一性识别标识，钢筋和混凝土等重要原材料见证取样，要留存影像资料；

7）材料信息，项目部要设立建筑材料、构配件样品留样室，留样的材料、构配件要标注名称、规格、型号、生产厂家等信息，标注清晰，样品要归类，以备核查后期进场材料质量。

2. 施工过程质量管理"标准"

（1）管理内容

项目部对施工过程的质量标准化实施情况进行检查，检查内容包括技术交底，样板引路，三检制，检验批，分项、分部工程和隐蔽工程验收，材料质量管理，成品保护，质量问题处理，质量改进等。

（2）技术交底

施工前项目技术负责人根据施工组织设计或专项方案的要求，向质量管理人员、班组长逐层进行技术交底，并办理签字手续。

技术交底要图文并茂、浅显易懂，具有可操作行和针对性，便于落到实处。建筑面积3万 m^2 以上的项目，在样板集中展示部位设置班前讲评台，现场依据样板进行技术交底。

有条件的制作标准工艺视频交底教程。

（3）样板引路

工程施工实行样板引路制度，做到样板先行。工序施工前，在施工现场做实物样板、工程样板、图片样板等。样板包括模板安装、钢筋绑扎、混凝土成型、砌体组砌、建筑防水、外墙保温、常见质量问题防治等。混凝土结构重点展示梁、板、柱、墙钢筋接头和交叉处理、保护层控制、模板支设方法、混凝土成型质量等，墙体重点展示砌筑排砖、构造柱和圈梁设置、拉结筋设置、梭砖斜砌和墙梁、墙柱部位构造处理等，并留有影像资料，经验收合格后方可进行大面积施工。

（4）三检制

施工过程中认真落实三检制。砌体结构的承重墙、柱和框架结构（框-剪结构）的框架柱、剪力墙、填充墙，每施工完一个检验批，要进行实测实量，并将结果如实地填写在质量检查标识内，标识粘贴在受检部位，公示检查结果。质量检查标识标注内容包括墙、柱垂直度、平整度、轴线位移、截面尺寸、外墙上下窗偏移等，并有检查日期和操作人、检查人姓名。

（5）验收

工程施工前，要制定检验批划分计划，经监理确认后不得随意更改。检验批，分项、分部工程按规范要求程序组织验收。

（6）责任追究

项目部建立质量问题处理制度和质量事故责任追究制度。对质量问题的分类、分级报告流程作出规定，明确对质量问题处理的职责、权限和工作流程，保存质量问题的处理和验收记录。

（7）相关要求

项目部针对工程的具体情况，制定质量常见问题的防治措施，并符合各省市《住宅工程质量通病防治技术规程》的要求，积极采用新材料、新技术、新工艺、新设备，消除工程质量通病。

项目部按照 PDCA 循环的方式进行质量改进。及时搜集和整理检查数据，进行统计分析；对产生质量问题的主要方面进行原因分析，制定对策，加以实施；对实施后的效果加以验证，并将有效的措施加以巩固，应用到下一阶段的工程施工。PDCA 循环应有相关的记录。

3. 具体工艺样板实施

（1）钢筋工程工艺样板实施

1）样板内容：

①柱、剪力墙、梁、板、梁柱接头、楼梯等钢筋的制作、安装、定位；

②受力纵筋连接（焊接、机械连接等）外观质量。

2）钢筋的下料、制作、安装过程中，现场技术人员都要旁站指导、监督，必须要按照图纸、方案施工。施工完成后进行自检，自检合格后配备好检测工具报项目技术质量部门、监理、甲方专业人员验收，对验收提出的意见按期进行整改，复验合格后办好隐蔽验收记录，填写好验收合格牌，标明施工部位、时间、操作人员、验收人员名称、产品合格状态及验收时间悬挂在对应的工序上面，便于参观。

3）节点质量标准

①接头位置准确、同一截面接头面积百分率符合设计要求；

②钢筋端部平头最好使用台式砂轮片切割机进行切割，直螺纹接头外露丝扣不得大于1个；

③柱钢筋加设定位箍筋，楼板钢筋顺直，纵横间距符合设计要求；

④梁柱交接部位采用定型箍筋焊接骨架，节点部位钢筋绑扎到位。

（2）模板工程工艺样板实施

1）样板主要体现出的内容：模板安装中支撑体系，安装和加固方法，防止胀模、漏浆的技术措施及模板的垃圾出口孔制作。

2）样板制作时施工技术人员现场指导、监督，发现不符合方案要求的部位立即整改，确保样板施工质量符合图纸设计、施工规范要求；施工完成后进行自检，自检合格后配备好检测工具报项目技术质量部门、监理、甲方专业人员验收，对验收提出的意见按期进行整改，复验合格后办好隐蔽验收记录，填写好验收合格牌，标明施工部位、时间、操作人员、验收人员名称、产品合格状态及验收时间悬挂在对应的工序上面，便于参观。

框架梁板和填充墙构造柱的模板样板见图 4-1。

图 4-1　模板工程工艺样板实施图例

（3）混凝土工程工艺样板实施

混凝土结构工程应做到内坚外美，并应保证梁、板、柱截面尺寸准确、节点方正。整体结构混凝土密实整洁，面层平整，棱角整齐平直，梁柱节点、墙板交角、线、面顺直清晰，起拱线、面平顺；无蜂窝、麻面、掉皮、孔洞；无漏浆、跑模、涨模、错台、烂根、裂缝。施工缝结合严密平整、无夹杂物、无冷缝、无砂浆隔离层。

剪力墙板施工样板见图 4-2。

（4）砌体工程工艺样板实施

1）砌筑样板应体现以下内容：

①有代表性部位砌体的砌筑方法，如不同材质交接处、T 型墙、十字墙等部位；

②有代表性的门窗洞口的处理；

③填充墙底部、顶部的处理；

④构造柱、圈梁、过梁的处理。

图 4-2　剪力墙板施工样板

2）砌筑节点及完成面质量标准

空心砖填充墙板砌筑样板见图 4-3。

图 4-3　填充墙砌体施工工艺样板

（5）防水工程工艺样板实施

1）地下室外墙全面防水施工前，及时进行地下室结构的隐蔽验收，施工前应提前将防水材料进行见证送检，送检合格便可进行样板施工。

2）样板施工过程，施工单位需派现场施工技术员进行跟踪检查，发现问题及时整改，操作过程中可请监理及甲方专业人员进行现场指导；施工完毕施工单位需先进行自检，检查合格后请监理、甲方等专业人员进行验收，对验收时提出的问题限期进行整改，整改合格后进行复验，验收合格办好隐蔽验收记录，收集好相关图片、影像资料，验收合格后及时进行保护层施工。

3）样板操作时每层作法依次错开 20～30cm 左右，形成一个阶梯剖面，每个剖面均能清晰反映各层作法，施工完成后在剖面各层作法上注明其名称、材料及工艺要求、操作注意事项等；验收合格填写好验收合格牌，标明施工时间、操作人员、验收人员名称及验收时间、检查实测实量结果、合格状态等相关内容。

4）止水坎：厨卫间、烟道根部止水坎随结构混凝土一次性浇筑。

5）施工前认真检查管道洞口是否封堵严密、墙面管线是否安装并补好，及时进行楼面蓄水试验（48h、50mm），并对墙体、管线进行隐蔽验收，做好防水基层隐蔽验收记录。

6）防水操作时施工技术人员现场指导、监督，发现不符合要求处立即整改，确保防水层施工质量符合设计、施工要求。

7）施工完成后进行自检，自检合格后配备好检测工具及防水资料、图片报监理、甲方专业人员验收，对验收提出的意见按期进行整改，复验合格后办好隐蔽验收记录，填写好验收合格牌，标明施工时间、操作人员、验收人员名称、产品合格状态及验收时间、检查实测实量结果等相关内容。

室内洗漱间和屋面防水工程工艺样板见图 4-4。

图 4-4　室内及屋面防水工艺样板图

（6）安装工程工艺样板实施

1）在实施工部位墙体上弹好 50 水平标高线，在地面上根据房间垂直控制轴线定出墙面抹灰层总厚度（在地面弹出墨线）。

2）根据安装施工图，按标高线在墙上放出户内电箱及开关插座、管线走向位置线，检查复核无误后报监理、甲方专业人员验收。

3）用切割机进行开槽、人工凿除，开槽时做好安全防护及防尘保护，切割时严格按定位线进行，凿除深度一般为配件厚度加 1～2cm，及时将产生的垃圾清理干净。

4）逐一检查开槽位置、深度，有偏差时进行修整，修整好后将槽内灰尘清理并提前润湿。

5）采用水泥砂浆进行固定，固定时需根据地面墙体抹灰厚度控制线、水平线进行，确保其水平，表面出抹灰面一致（出抹灰面 1～2mm），不得缩进抹灰面内。

6）安装好后进行自检，自检合格报公司、监理、甲方专业工程师检查验收，对验收提出意见按期整改，验收合格后填写好验收合格牌，标明施工时间、操作人员、验收人员名称及验收时间等相关内容。

填充墙面开槽设置预埋管线工艺样板见图 4-5。

（7）装饰工程工艺样板实施

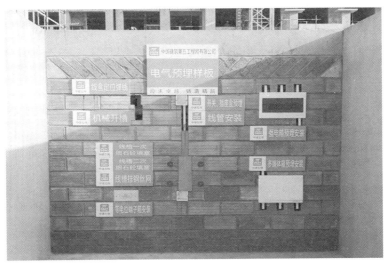

图 4-5　墙面开槽布设电气管线工艺样板图

例如，框架填充内墙装饰抹灰工程，样板见图 4-6。

图 4-6　框架及填充墙面抹灰工艺样板图

4.2.5　工程实体施工过程质量控制的标准

1. 加强质量过程控制的措施

（1）施工准备控制：指在各工程对象正式施工活动开始前，对各项准备工作及影响质量的各因素进行控制，这是确保施工质量的先决条件。

（2）施工过程控制：指在施工过程中对实际投入的生产要素质量及作业技术活动的实施状态和结果所进行的控制，包括作业者发挥技术能力过程的自控行为和来自有关管理的监控行为。

（3）竣工验收控制：它是指对于通过施工过程所完成的具有独立的功能和使用价值的最终产品及有关方面的质量进行控制。

2. 施工过程质量管理"标准"

（1）管理内容：项目部对施工过程的质量标准化实施情况进行检查，检查内容包括技术交底，样板引路，三检制，检验批，分项、分部工程和隐蔽工程验收，材料质量管理，成品保护，质量问题处理，质量改进等。

（2）技术交底：施工前，项目技术负责人根据施工组织设计或专项方案的要求，向质量管理人员、班组长逐层进行技术交底，并办理签字手续。技术交底要图文并茂、浅显易懂，具有可操作性和针对性，便于落到实处。建筑面积 3 万 m^2 以上的项目，在样板集中展示部位设置班前讲评台，现场依据样板进行技术交底。有条件的制作标准工艺视频交底教程。

（3）样板引路：工程施工实行样板引路制度，做到样板先行。工序施工前，在施工现场做实物样板、工程样板、图片样板等。样板包括模板安装、钢筋绑扎、混凝土成型、砌体组砌、建筑防水、外墙保温、常见质量问题防治等。混凝土结构重点展示梁、板、柱、墙钢筋接头和交叉处理、保护层控制、模板支设方法、混凝土成型质量等，墙体重点展示砌筑排砖、构造柱和圈梁设置、拉结筋设置、梭砖斜砌和墙梁、墙柱部位构造处理等，并留有影像资料，经验收合格后方可进行大面积施工。

（4）三检制：施工过程中认真落实三检制。砌体结构的承重墙、柱和框架结构（框剪结构）的框架柱、剪力墙、填充墙，每施工完一个检验批，要进行实测实量，并将结果如实地填写在质量检查标识内，标识粘贴在受检部位，公示检查结果。质量检查标识标注内容包括墙、柱垂直度、平整度、轴线位移、截面尺寸、外墙上下窗偏移等，并有检查日期和操作人、检查人姓名。

（5）验收：工程施工前，要制定检验批划分计划，经监理确认后不得随意更改。检验批，分项、分部工程按规范要求程序组织验收。检验批质量验收记录由施工项目专业质量检查员填写，监理工程师组织项目专业质量检查员等进行验收，并填写验收记录。分项工程由项目技术负责人组织项目施工员、质量检查员进行验收，验收合格后报监理工程师组织验收，并形成验收记录。分部工程由项目经理组织技术负责人、质量检查员、施工员进行验收，验收合格后报总监理工程师组织建设、设计、勘察、施工等单位进行验收，并形成验收记录。

（6）责任追究：项目部建立质量问题处理制度和质量事故责任追究制度。对质量问题的分类、分级报告流程作出规定，明确对质量问题处理的职责、权限和工作流程，保存质量问题的处理和验收记录。

（7）相关要求：项目部针对工程的具体情况，制定质量常见问题的防治措施，并符合相关规范的要求，积极采用新材料、新技术、新工艺、新设备，消除工程质量通病。项目部按照 PDCA 循环的方式进行质量改进。及时搜集和整理检查数据，进行统计分析；对产生质量问题的主要方面进行原因分析，制定对策，加以实施；对实施后的效果加以验证，并将有效的措施加以巩固，应用到下一阶段的工程施工。PDCA 循环应有相关的记录。

3. 混凝土结构实体质量抽测标准化的检查内容和方法

（1）混凝土结构实体质量抽测项目

1）混凝土强度；

2）现浇楼板厚度；

3）钢筋保护层厚度；

4）混凝土构件截面尺寸、垂直度、表面平整度；

5）砌体垂直度、表面平整度。

（2）混凝土强度

1）混凝土强度抽测以梁、柱、墙等构件为主，具体抽测构件根据施工图纸随机抽取。房屋总建筑工程面积 5 万 m² 以下的抽测 3 个构件，每增加 2 万 m² 增加 1 个构件。市政基础设施项目按照工程实际情况确定抽测数量；

2）被抽测的建筑物、构筑物或市政桥梁的混凝土养护龄期应达到等效养护龄期，即日平均养护温度逐日累计应达 600℃·d；

3）混凝土强度代表值不小于设计值，也不宜超过设计值的 130%。

（3）现浇楼板厚度

1）现浇楼板厚度抽测部位根据施工图纸随机抽取。房屋总建筑工程面积 5 万 m² 以下的抽测 3 个构件，每增加 2 万 m² 增加 1 个构件；

2）楼板厚度检测采用超声法或钻孔实测法。

（4）钢筋保护层厚度

1）钢筋保护层厚度抽测以梁、板类构件为主，具体抽测构件根据施工图纸随机抽取。房屋总建筑工程面积 5 万 m² 以下的抽测 3 个构件，每增加 2 万 m² 增加 1 个构件；

2）保护层厚度检测主要依据《混凝土中钢筋检测技术规程》JGJ/T 152，采用电磁感应法检测，必要时可采用剔凿的方法验证；

3）纵向受力钢筋保护层厚度允许偏差：梁类构件为 +10mm，-7mm；板类构件为 +8mm，-5mm。

（5）混凝土构件截面尺寸、垂直度、表面平整度

1）混凝土构件截面尺寸、垂直度、表面平整度抽测部位根据施工图纸随机抽取。房屋总建筑工程面积 5 万 m² 以下的抽测 3 个构件，每增加 2 万 m² 增加 1 个构件；

2）截面尺寸宜在地面向上 300mm 和 1500mm 的位置测量；

3）垂直度宜在一面墙距边角 300mm 左、右的两处测量，柱的相邻两个面测量；

4）表面平整度测量宜在一面墙按 45°角斜放靠尺测量，跨洞口部位优先选测。

（6）砌体垂直度、表面平整度

1）砌体垂直度、表面平整度抽测部位根据施工图纸随机抽取。房屋总建筑工程面积 5 万 m² 以下的抽测 3 处墙，每增加 2 万 m² 增加 1 处墙；

2）垂直度测量宜在一面墙距边角 300mm 左、右的两处测量，测量部位选择正手墙面；

3）表面平整度测量宜在一面墙按 45°角斜放靠尺测量，优先选取带门窗、过道洞口的墙面，测量部位选择正手墙面。

（7）不合格情况处理：当实体质量抽测出现异常值或严重不合格时，由工程所在地质量监督机构责令建设单位委托具有资质的检测机构进行复测，根据复测结果督促处理，确保工程不留质量隐患。

4. 结构实体观感质量检查标准化的检查内容和方法

（1）观感质量检查：在具备检查条件的结构层中抽取 3 个层数目测。包括混凝土观感

和砌体观感。

（2）观感质量检查项目要符合下列规定：

1）混凝土观感

①混凝土外观不得有蜂窝、麻面、疏松、孔洞、露筋、夹渣、开裂等质量缺陷；

②当混凝土出现严重缺陷时，由施工单位提出技术处理方案，并经监理（建设）单位认可后进行处理，对经处理的部位要重新检查验收；

③当混凝土出现一般缺陷时，由施工单位按技术处理方案进行处理，并重新检查验收。

2）砌体观感：砌体组砌正确、排砖合理、头缝密实、表面平整、外观清洁、灰缝平直均匀、马牙槎留置规范、构造满足要求，不得出现瞎缝、假缝、透缝、通缝的现象。

第3节　建筑施工安全生产标准化

4.3.1　建筑施工企业安全生产标准化建设

企业安全生产标准化建设流程包括策划准备及制定目标、教育培训、现状梳理、管理文件制修订、实施运行及整改、企业自评、评审申请、外部评审等八个阶段。

1. 策划准备及制定目标

（1）成立领导小组，由企业主要负责人担任领导小组组长，所有相关的职能部门的主要负责人作为成员，确保安全生产标准化建设组织保障；成立执行小组，由各部门负责人、工作人员共同组成，负责安全生产标准化建设过程中的具体问题。

（2）制定安全生产标准化建设目标，并根据目标来制定推进方案，分解落实达标建设责任，确保各部门在安全生产标准化建设过程中任务分工明确，顺利完成各阶段工作目标。关注点及注意事项见表4-1。

策划准备阶段关注点及注意事项表　　　　　　　　　　　　　　　表 4-1

序号	工作步骤	负责人	具体关注工作内容	注意事项
1	领导决策	通常为最高管理者	作出开展安全生产标准化的决定	形成制度文件
			任命安全生产标准化管理者代表	形成制度文件
			成立安全生产标准化领导小组,明确组织机构分工,领导小组办公室及领导小组的职责	形成制度文件
2	成立安全生产标准化工作小组(形成制度文件)	管理者代表	配备资源,包括人力、物力、财力等	
			安全生产标准化自评员培训	必要时聘请外部培训老师
			编制安全生产标准化实施方案	形成实施方案
3	确定安全生产标准化方针、目标等	安全生产标准化主管负责人	充分了解、熟悉企业所在地区、行业安全监管部门对安全生产标准化建设的具体要求	
			结合企业实际情况制定可达到的目标	在必要的范围发布
4	安全标准化要素分配及发布	安全生产标准化主管负责人	必要时对组织机构进行调整	
			将各要素的责任分配落实到各职能部门	编制职能分配表
			识别资源需求,配置必要的资源	

2. 教育培训

（1）解决企业领导层对安全生产标准化建设工作重要性的认识，加强其对安全生产标准化工作的理解，从而使企业领导层重视该项工作，加大推动力度，监督检查执行进度。

（2）解决执行部门、人员操作的问题，培训评定标准的具体条款要求是什么，本部门、本岗位、相关人员应该做哪些工作，如何将安全生产标准化建设和企业日常安全管理工作相结合。

（3）加大安全生产标准化工作的宣传力度，充分利用企业内部资源广泛宣传安全生产标准化的相关文件和知识，加强全员参与度，解决安全生产标准化建设的思想认识和关键问题。关注点及注意事项见表 4-2。

安全教育的关注点及注意事项表　　　　　　　表 4-2

序号	培训对象	关注点及注意事项
1	安全生产标准化领导小组，工作小组成员	需进行本企业所在地相关安全监管部门下发的安全生产标准化实施方案及考评方案的系统性培训，掌握达标考核方法和要求；或者企业高层及管理层采取自学的方式学习相关方案
2	各部门管理人员、技术人员、班组长以上人员及专职（兼职）安全生产标准化工作人员	集中进行相关方案的系统性培训，理解分配要素的主要内容、用途和实施，明确安全标准化赋予本部门（负责人）的职责
3	基层员工	应进行相关方案的系统性培训，理解安全标准化的意义，明确安全标准化赋予员工的职责，基本掌握本岗位（作业）危险、有害因素辨识和安全检查表（其他检查方案均可）的应用
4	各部门管理人员、标准化工作人员及班组长	在安全活动月或每周安全活动日期间进行组员的安全标准化宣传与培训
5	进行培训效果评价，举行全员培训考试并形成效果评价报告	

安全生产标准化工作强调全员、全过程、全方位、全天候监督管理原则，安全教育培训需要对公司全员开展。

3. 现状梳理

（1）对照相应专业评定标准（或评分细则），对企业各职能部门及下属各单位安全管理情况、现场设备设施状况进行现状摸底，摸清各单位存在的问题和缺陷。

（2）对于发现的问题，定责任部门、定措施、定时间、定资金，及时进行整改并验证整改效果。现状摸底的结果作为企业安全生产标准化建设各阶段进度任务的针对性依据。

（3）企业要根据自身经营规模、行业地位、工艺特点及现状摸底结果等因素及时调整达标目标，注重建设过程，真实有效可靠，不可盲目一味追求达标等级。

（4）梳理过程，主要关注点及注意事项如下：

1）整理归纳日常安全生产管理工作，包括安全生产管理的制度文件、记录表单、统计表单及相关安全生产技术控制措施等。充分对现有安全生产管理情况进行现状摸底；

2）与相应行业《评定标准》（或评分细则）进行对照，评估安全生产标准化建设工作难度及工作量；

3）结合标准内容，进行查缺补漏，缺少的及时补充，已有但不满足标准化要求的及时进行修订，对于发现的问题及时整改并验证结果；

4）形成安全生产标准化修正方案，持续改进。

4. 管理文件修订

（1）以各部门为主，针对梳理和现状摸底所发现的问题，准确判断管理文件亟待加强和改进的薄弱环节，提出有关文件的修订计划并标准化执行小组对管理文件的修订进行把关。

（2）企业应该按照本企业适用的行业《评定标准》（或评分细则）对应的 13 个一级要素和 42 个二级要素进行分析，整理要素大纲，确定适用于本单位的有关条款，根据自身行业及地区所属的安全生产标准化相关规定，逐条对照，完善公司的管理文件。

1）编制完成公司安全生产标准化管理手册。

2）程序性文件编制，依靠文件控制各部门标准化进程。

①制定标准化管理文件编写计划并在小组内分工；

②就文件的格式、内容和支持性文件以及记录（表）格式化，审批，发布等程序文件应予以明确规定。

3）执行性文件编制

①确定所有涉及标准化的文件清单，建立企业制度与《评定标准》（或评分细则）要求至少 50 余项规章制度的对照表；

②设计出管理制度、操作规程、作业指导书和记录（表）的形式。

4）各部门配备文件管理员（或兼职），在评审时可出具。

（3）范例：《XX 企业具体的年度安全目标》

1）全年因工轻伤及其以上人身伤害事故为零、每 20 万工作小时工伤事故损失频率不大于 2、可记录的事故比 2010 年减少 10%；重大设备、火灾、爆炸以及交通事故为零；发现职业病病例为零；一般环境污染事故为零。

2）"三项岗位人员"持证率 100%；特种设备定期检验率 100%；事故隐患及时整改率 100%；岗位尘毒合格率 90%；环保设施有效运行率、同步运行率达到 90% 以上。

5. 实施运行及整改

企业根据修订后的安全管理文件在日常工作中进行实际运行，按照有关程序对运行中发现的问题及时进行整改，并予以完善。具体工作步骤及内容如下：

（1）学习安全生产标准化方案文件，使各部门人员明确自身职责、该怎么做、如何做。

（2）试运行前的准备工作

1）检查各部门协调的资源配置；

2）加强宣传；

3）增加现场标志标识（标准化方面）；

4）制定完整的运行计划。

（3）下达实施运行计划，宣布进行安全生产标准化试运行。

（4）对试运行符合性进行检查，提出纠正措施和预防措施，持续改进并对效果进行评估。

（5）正式实施运行，内部对实施效果进行交流沟通。

在正式运行阶段，需要企业不断完善各项管理制度，从管理创新入手，努力提高标准化管理水平，采取有效措施为标准化建设开路，同时应该从基础工作抓起，加强硬件和软件建设，建立安全标准化创建工作的奖励和约束机制，激发广大员工的创建工作热情。

在具体的实施过程当中要有完整的运行，更改，宣传等记录表单。

6. 企业自评

企业在安全生产标准化系统运行一段时间后，依据评定标准由标准化执行小组组织相关人员，开展自主评定工作。

（1）成立自评机构

企业应成立专门的自评机构，应按照企业安全生产标准化建设时使用的本行业安全生产标准化评定标准进行自我评审。企业自评也可以邀请专业技术服务机构提供支持。

（2）制定自评计划，发现问题并整改

结合企业实际情况制定自评计划开展自评工作，针对发现的问题制定整改计划及整改措施，并进行记录；整改完成后，继续按照评定标准进行重新自评，循序渐进，不断完善。

（3）形成自评报告

自评完成应形成自评报告，整改计划表及扣分汇总表。

（4）确定拟申请的等级，申请外部评审

根据自评结果确定拟申请的等级，按相关规定到属地或上级安监部门办理外部评审推荐手续后，正式向相应评审组织单位递交评审申请。

7. 评审申请

企业在自评材料中，应当将每项考评内容的得分及扣分原因进行详细描述，要通过申请材料反映企业工艺及安全管理情况；按相关规定到属地或上级安监部门办理外部评审推荐手续后，在国家安全监管总局政府网站上向相应的评审组织单位递交评审申请手续。具体工作详见表4-3。

安全生产标准化评审申请事项　　　　　　　　　　　　　表 4-3

	申请条件	申请机构	申请准备材料
一级企业	应为大型企业集团、上市公司或行业领先企业。申请评审之日前一年内，大型企业集团、上市集团公司未发生较大以上生产安全事故，集团所属成员企业90%以上无死亡生产安全事故；上市公司或行业领先企业无死亡生产安全事故	申请安全生产标准化一级企业的，经所在地省级安全监管部门同意后，向一级企业评审组织单位提出申请	（1）企业安全生产标准化评审申请表；（2）安全生产许可证复印件；（3）工商营业执照复印件；（4）安全生产标准化管理制度清单；（5）安全生产组织机构及安全管理人员名录；（6）重大危险源资料；（7）自评报告；（8）自评扣分项目汇总表；（9）评审需要的其他材料
二级企业	申请评审之日前一年内，大型企业集团、上市集团公司未发生较大以上生产安全事故，集团所属成员企业80%以上无死亡生产安全事故；企业死亡人员未超过1人	申请安全生产标准化二级企业的，经所在地市级安全监管部门同意后，向所在地省级安全监管部门或二级企业评审组织单位提出申请	
三级企业	申请评审之日前一年内生产安全事故累计死亡人员未超过2人	申请安全生产标准化三级企业的，经所在地县级安全监管部门同意后，向所在地市级安全监管部门或三级企业评审组织单位提出申请	
备注	行业评定标准中的企业安全绩效要求高于《考评办法》中申请条件要求的，按照行业评定标准执行；低于《考评办法》中申请条件的，按照本条款执行	符合申请要求的，通知相关评审单位组织评审；不符合申请要求的，书面通知申请企业，并说明理由	不同等级准备材料需参照地方安全生产监督管理部门审核公告

8. 外部评审

外部评审时，一般由参与安全生产标准化建设执行部门的有关人员参加外部评审工作，也可邀请属地安全监管部门派员参加，这样便于安全监管部门监督评审工作，掌握评审情况，督促企业整改评审过程中发现的问题和隐患。

4.3.2 建筑施工项目安全生产标准化实施

建筑施工安全生产标准化是指建筑施工企业在建筑施工活动中，贯彻执行建筑施工安全法律法规和标准规范，建立企业和项目安全生产责任制，制定安全管理制度和操作规程，监控危险性较大分部分项工程，排查治理安全生产隐患，使人、机、物、环始终处于安全状态，形成过程控制、持续改进的安全管理机制。

1. 安全生产管理机构

（1）建筑施工企业应按规定设置安全生产委员会，安全生产委员会由本单位的主要负责人、安全生产管理职能部门和其他相关部门负责人、安全管理人员以及工会代表组成。未建立工会组织的，由职工推选代表参加，安全生产委员会每半年至少召开一次会议。

（2）建筑施工企业应按规定设置安全生产管理机构、配备企业和项目专职安全生产管理人员。

2. 建立健全安全生产管理人员岗位责任制度

安全生产管理人员包括项目经理、技术负责人、生产经理、商务经理、安全负责人、施工员、安全员、作业人员等，各自均有其各自的岗位职责。

3. 危险源识别与管理制度

危险源是指工程项目及其施工方案中，具有潜在能量和物质释放危险的、可造成人员伤害、财产损失或环境破坏的，在一定的触发因素作用下可转化为事故的部位、区域、场所、空间、岗位、设备及其位置。

重大危险源是指能导致较大以上事故发生的危险源。

（1）涉及重大危险源施工时，专项施工方案实施进度情况应逐旬报告。

（2）项目部根据实际情况，配备人员检测监控、进行动态管理，及时处理存在的安全隐患，并建立重大危险源安全管理档案。

（3）对存在重大危险源的分部分项工程，项目部在施工前必须编制专项施工方案，专项施工方案除应有切实可行的安全技术措施。专项施工方案由项目部技术部门的专业技术人员及监理单位安全专业监理工程师进行审核，由项目部技术负责人、监理单位总监理工程师签字。

（4）制定切实可行的实施办法，指定专人对每一个重大危险源进行卡控。全面掌握重大危险源的管理情况，定期对各类重大危险源开展专项安全检查，对存在缺陷和事故隐患的重大危险源要采取有效措施进行治理整改，消除危险危害因素、确保安全生产。检查中发现存在的缺陷和安全隐患，必须制定整改方案，落实整改措施和整改责任人、立即整改。并采取切实可行的安全措施，防止事故的发生。如重大危险源工程施工中发生安全质量问题，还要有安全质量分析会内容和事故处理报告及下步的整改措施记录等资料。

（5）成立重大危险源安全管理领导小组，制定事故应急救援预案。项目部根据应急救援预案制定演练方案和组织人员进行演练，做好演练记录，并进行评价、总结、完善预案。

（6）重大危险源的动态管理包括：监测人员定期对重大危险源进行监测，及时汇总监测数据，用于指导施工。安质部每天对重大危险源进行检查，并做好检查记录，发现问题时及时下发隐患整改通知书，并督促责任部门尽快完成整改，整改完成后进行复查，如果复查不合格，需督促其继续整改，直至复查合格符合要求为止。每月组织两次各部门联合检查，各部门进行互检，对发现的隐患下发隐患整改通知书，并促责任部门尽快完成隐患整改。

（7）对尚未开工的重大危险源工程实行动态管理，条件成熟需要开工时，必须履行相关程序，专项施工方案、安全措施、专家论证等必须齐全有效，同时技术安全交底必须到位，现场各方面条件达到标准后才能开工。开工立即进入正常的管理程序，纳入重大危险源的检查范围。

（8）在重大危险源现场设置明显的安全警示标识。

（9）项目部及时总结重大危险源管理经验，形成重大危险源控制技术标准，提高重大危险源管理水平。

4. 安全专项施工方案管理制度

对基坑支护与降水工程、土方开挖工程、模板工程、起重吊装工程、脚手架工程、临时用电工程、爆破工程等危险性较大工程，必须编制专项施工方案，并附必要的计算书，经公司技术负责人、总监理工程师签字后，由专职安全生产管理人员监督实施。

对涉及地下暗挖工程、深基坑工程、高大模板工程、30米以上高空作业工程、爆破工程的专项施工方案，必须由专家组对已编制的安全专项施工方案进行论证审查。专家组提出的书面论证审查报告应作为安全专项施工方案的附件。项目经理部根据论证审查报告进行完善，并经公司技术负责人、监理单位总监理工程师签字确认后，按照专项方案组织实施。

公司要对施工的重点环节和重点施工内容进行重点监控，项目经理部严禁随意变动经过审查的施工方案。如确实需要改变方案则必须重新履行审批程序。

5. 安全技术交底制度

专项方案实施前，项目经理部技术负责人（或方案编制人员）应向专项方案的实施组织者/施工员、实施人/作业人员进行安全技术交底。分部（分项）工程施工前，项目施工员向作业人员进行安全技术交底。安全技术交底是施工方案的进一步细化和补充，是对施工重要环节或工序的详细交待，要用通俗易懂的语言向作业人员进行交底。

安全技术交底必须以书面形式进行，并经交接底双方签字确认，严禁代签字。

6. 安全检查制度

各单位要实行定期安全检查制度和召开安全生产例会，每月不少于一次；项目经理部每周至少进行一次由项目经理或项目生产经理或项目安全总监组织的全面安全检查和召开一次项目安全生产例会，并存留相关资料。

项目负责人必须掌握当天的天气情况。如遇六级风以上及雨、雪等恶劣天气等，应暂停施工。恶劣天气过后，项目负责人要组织项目经理部相关职能部门、分包单位并会同监理单位进行全面的安全检查，确认施工现场无安全隐患或安全隐患已消除或已被控制后，方可恢复施工作业。

项目经理部对检查出的事故隐患，必须按"四定"原则（定人、定时、定措施、定验收责任人）进行整改，做好书面记录，并存档。

7. 安全教育培训制度

各单位、项目经理部都要制订安全教育培训制度，制订年度培训计划。

各单位每年要组织两次以上对管理人员的安全生产教育培训，教育培训考核不合格的，不得上岗。

项目经理部必须建立安全教育培训档案，记录教育培训情况，受教育者应签字确认。严禁代签字。

项目安全教育和培训实行自行组织与委托外培相结合的原则，项目实现施工和管理人员受训率为100%，特种作业人员经考核合格持证上岗率100%。作业人员进入新的岗位或新的施工现场前，应接受安全生产教育培训，未经教育培训或考核不合格的，不得上岗。

8. 特种作业人员持证上岗制度

特种作业人员必须持证上岗，本人应持证件的复印件，证件原件应存放项目经理部以备查验，做到人证相符。

特种作业人员应按相关规定进行定期体检和年审。

9. 安全事故应急救援管理制度

（1）应急响应等级划分

1）根据事故的性质、严重程度、事态发展趋势和控制能力，事故应急响应实行三级响应机制。

一级响应：发生重大以上安全事故，或发生影响严重的较大安全事故。

二级响应：发生较大安全事故，或发生影响严重的一般安全事故。

三级响应：发生一般安全事故。

2）根据响应级别，现场救援行动实行分级指挥和领导：

一级响应的事故救援，由公司主管领导负责指挥和领导，公司办公室、安全质量、施工技术、设备物资等部门参加。

二级响应的事故救援，由公司副职领导负责指挥和领导。公司安全质量、施工技术、宣传、工会等部门参加。

三级响应的事故救援，由项目经理负责指挥和领导。

（2）应急救援组织

1）项目部成立事故应急救援组织机构，明确分工和职责。由项目经理、书记担任总指挥，项目副职担任副总指挥，安质、工程、材料设备、计划合同、财务、综合办等部门负责人参加，应急指挥办公室一般设在安质部，办公室主任由安全质量管理部长担任。

2）对于危险性较大的分部分项工程，根据工程特点和现场施工组织情况，也应成立的相应事故应急救援组织机构，在该工程完工后撤销。

（3）应急救援程序

1）事故应急响应程序，按过程分为：事故报告、响应级别确定、应急启动、救援行动、应急恢复和应急结束六个过程。

2）一旦发生安全生产事故，工班、项目部必须按规定以最快速度上报相关部门。

事故信息报告采用快报方式，主题鲜明，言简意赅，用词规范，逻辑严密，条理清楚。一般包括以下要素：事故发生的时间、地点、事故单位名称；事故发生的简要经过、事故发生原因的初步判断；事故发生后采取的措施及事故控制的情况，事故报告单位等。

紧急情况下，可先用电话口头报告，之后再采用文字报告。涉密信息应遵守相关规定。

3）根据事故发生的危害程度、事态发展趋势和控制能力确定应急响应级别，立即启动《应急预案》，成立现场抢险救援机构，开展事故救援行动。

4）应急救援行动主要包括指挥、通信联络、技术、抢险、后勤保障等，应在《应急预案》中进行详细规定各项行动的工作内容、执行人或小组、协调等事项。

5）应急恢复和应急结束。

（4）应急预案的编制

1）项目开工前，根据地质条件、重难点工程、主要施工方法、重大危险源等特点，项目部总工、安全总监共同组织安质、工程、材设等部门，编制本级《应急预案》，并经本级项目经理签字后报上级主管部门备案。

2）编制应急预案前，项目部安全质量管理部负责了解业主、监理单位和当地政府部门的相关事故应急救援体系，掌握当地有关医疗机构和急救机构的联系方式，编制预案时要结合这些因素。

3）对于危险性较大的分部分项工程，要针对工程具体地质条件、施工方法、危险源等特点，编制相应的《专项应急预案》，可以在编制《安全专项施工方案》时编写，作为《安全专项施工方案》的主要组成部分。

4）编制准备

①全面分析本单位危险因素、可能发生的事故类型及事故的危害程度；

②排查事故隐患的种类、数量和分布情况，并在隐患治理的基础上，预测可能发生的事故类型及其危害程度；

③确定事故危险源，进行风险评估；

④针对事故危险源和存在的问题，确定相应的防范措施；

⑤客观评价本单位应急能力；

⑥充分借鉴国内外同行业事故教训及应急工作经验。

10. 安全事故处理制度

各单位、项目经理部必须建立安全事故应急救援预案，备足应急物资、器材和设备，保证通信畅通，并定期组织演练。

项目经理部每月向各单位上报安全事故情况，由各单位建立工伤事故档案，每月向公司上报安全事故情况。

发生生产安全事故不得瞒报。事故发生后，项目经理部必须及时向分公司上报，启动应急救援预案，采取有效措施防止事故扩大，保护事故现场，及时抢救受伤人员，主动配合政府主管部门调查处理。同时分公司要及时向公司安全生产办公室通报，及时传真事故快报表。

各单位要按照相关规定做好事故善后工作，并按照"四不放过"原则对事故进行处理。

11. 安全生产资金管理制度

安全生产资金投入是指按照规定标准提取，在成本中列支，专门用于完善和改进施工安全生产条件的专项资金。安全投入的比例为工程造价的 2.0%。

4.3.3 施工安全生产标准化实施

1. 水平洞口防护

（1）小于 1500mm 的洞口，防护措施如图 4-7。

1）根据洞口大小先用木方作为梁，木方两端加工成 80°～85°，便于安装牢固；

2）采用模板作为盖板，盖板要求四周顺直，厚度不小于 12mm；

3）盖板要求用普通 4 号圆钉固定在木方上，并刷宽 150mm 角度 60° 红白相间油漆。

小于 300mm×300mm 洞口不要求使用木方作为梁，直接用同样标准的模板进行封闭，并满刷红色油漆。

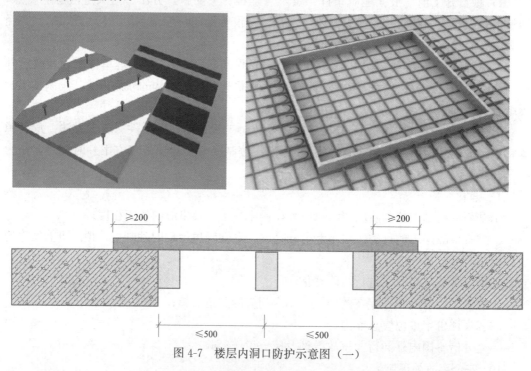

图 4-7 楼层内洞口防护示意图（一）

（2）大于 1500mm 的洞口，防护措施如图 4-8。

图 4-8 楼层内洞口防护示意图（二）

1）在结构施工中采用 $\phi6$ 的圆钢单层双向绑扎在模板内；

2）模板拆除后在洞口四周搭设 1200mm 高临边防护，采用标准化楼梯临边栏杆进行搭设。

3）在临边防护栏杆上挂设安全网，并悬挂警示标牌。

2. 电梯井等竖向洞口防护

防护门制作满足如下要求，构造如图 4-9。

（1）方钢均采用 30mm×30mm×2mm，钢丝网网眼不大于 50mm×50mm，钢丝直径不小于 2mm；

（2）两侧钢板固定采用 M8 膨胀螺栓固定；

（3）踢脚板高度为 200mm，刷角度为 60° 间距 150mm 的红白相间油漆钢丝网刷红色油漆。

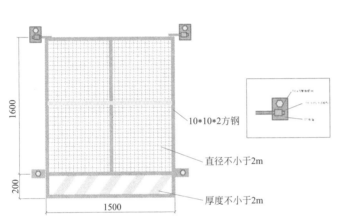

图 4-9　电梯井防护门示意图

3. 基坑临边、楼层临边防护

（1）基坑开挖深度超过 2000mm 时，必须搭设基坑临边防护栏杆。基坑临边防护栏杆采用工具式防护栏杆，构造如图 4-10；

（2）防护栏杆设置夜间警示灯；

（3）基坑排水沟设置在防护栏杆外侧，采取有组织排水；

（4）楼层边、阳台边、屋面边防护栏杆一般采用工具式防护栏杆；

（5）临边防护标准件长为 2000mm，另配置长度为 200mm、500mm、1000mm 非标准杆件，确保临边缝隙不大于 100mm。

4. 楼梯防护

楼梯防护栏选材满足以下要求，构造如图 4-11。

（1）材料型号：$\phi48mm×2.5mm$ 钢管、$\phi40mm×2.5mm$ 钢管、$\phi45mm×2.5mm$ 弯头、140mm×100mm×8mm 钢板；

（2）两立柱间距控制在 1250～2000mm 之间，高度固定为 1200mm；

（3）立杆采用 M10 膨胀螺栓固定，其他部位采用 M8 螺栓拧紧；

（4）所有杆件刷间距 400mm 红白油漆。

5. 施工电梯防护门

（1）材料型号：详细材料如图 4-12 所示，钢管厚度不小于 2.5mm，方钢、方管厚度不小于 2mm，钢网片钢丝直径不小于 2mm，钢板厚度不小于 1mm；

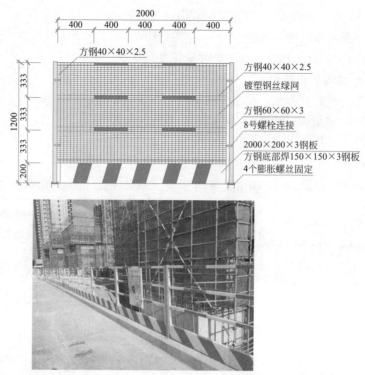

图 4-10 临边工具式防护示意图

（2）定型防护门 ϕ48 钢管与外架钢管采用直角扣件连接锁死；

（3）定型防护门方管与 ϕ48 钢管采用二寸不锈钢合页，厚度不小于 1.5mm；

图 4-11 楼梯装配式临边栏杆示意图

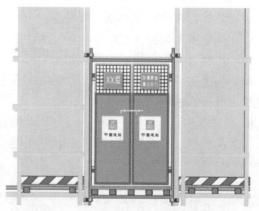

图 4-12 施工电梯防护门示意图

6. 安全通道

安全通道如图 4-13。

（1）立柱采用 150mm×150mm×5mm 方钢，连系梁采用 100mm×100mm×4mm 方钢；

（2）立柱下端焊接 250mm×250mm×8mm 钢板，采用 M12 螺栓固定；连系梁端部焊接 140mm×140mm×8mm 钢板与立柱采用 M10 螺栓连接；

（3）顶部采用双层防护，并悬挂中间 CI；

（4）顶棚采用双层硬防护，采用模板木方满铺设。

图 4-13　安全通道示意图

7. 定型化加工棚

（1）型钢工具式加工棚（如图 4-14）采用 1500mm×800mm×1000mmC15 素混凝土基础（若基础地基承载力不能满足要求则配置 $\phi6@200×200$ 单层双向底筋），基础顶面预埋 500mm×500mm×8mm 钢板，$4\phi18$ 钢筋与钢板穿孔塞焊，加工棚立柱与基础预埋钢板焊接连接；

（2）立柱采用 20♯ 工字钢，立杆间距 4m，高 3m，立柱顶端焊接 500mm×200mm×8mm 钢板与主梁下部焊接 400mm×200mm×8mm 钢板用 M12 螺栓连接；离地 2m 处设置 100mm×50mm 的方钢斜撑，两端焊接 150mm×200mm×8mm 钢板，以 M12 的螺栓连接主梁和立柱，斜撑靠主梁较短一侧为 45°，长方向一侧为 60°；

（3）屋架采用 18♯ 工字钢主挑梁，$\phi48$ 钢管间距 500mm 做次梁，宽 5m，高 0.5m，刷红色油漆，棚顶坡度不小于 15°；

（4）立柱顶端 1m、八字斜撑以及上主次梁刷红色油漆，立柱底端至 2m 处刷红白相间油漆间距 400mm。

图 4-14　型钢工具式加工棚示意图

8. 钢筋材料堆场

（1）钢筋材料堆场（如图 4-15）采用 16♯槽钢材质，每根立柱高度为 1200mm，立柱底端 200mm 处四周中间部位各焊接长度为 100mm、宽度为 140mm 的钢板接头（钢板厚度为 10mm），每块钢片等间距打 2 个 10mm 宽的螺栓孔。纵横杆 16♯槽钢长度为 1000mm，杆端两头打孔，保证与立柱连接钢板螺栓孔吻合，用 M10 的螺栓拼装组成；

（2）钢筋材料堆场大小，可根据施工现场硬化场地大小自行拼装设置。12m 长的钢筋材料，要求拼装长度不少于 9 组。9m 长的钢筋材料，要求拼装长度不少于 7 组；

（3）钢筋料场工具式堆场分两类，一类为 9m 钢筋堆场，沿钢筋长度方向为 7 组，垂直钢筋方向为 8 组为一套；第二类为 12m 长钢筋堆场，沿钢筋长度方向为 9 组，垂直钢筋长度方向为 8 组为一套。

图 4-15　钢筋堆场示意图

4.3.4　建筑施工安全生产标准化考评实施

建筑施工安全生产标准化考评包括建筑施工项目安全生产标准化考评和建筑施工企业安全生产标准化考评。

国务院住房城乡建设主管部门监督指导全国建筑施工安全生产标准化考评工作。

县级以上地方人民政府住房城乡建设主管部门负责本行政区域内建筑施工安全生产标准化考评工作。

县级以上地方人民政府住房城乡建设主管部门可以委托建筑施工安全监督机构具体实施建筑施工安全生产标准化考评工作。

建筑施工安全生产标准化考评工作应坚持客观、公正、公开的原则。

鼓励应用信息化手段开展建筑施工安全生产标准化考评工作。

1. 项目考评

（1）建筑施工企业应当建立健全以项目负责人为第一责任人的项目安全生产管理体系，依法履行安全生产职责，实施项目安全生产标准化工作。

建筑施工项目实行施工总承包的，施工总承包单位对项目安全生产标准化工作负总责。施工总承包单位应当组织专业承包单位等开展项目安全生产标准化工作。

（2）工程项目应当成立由施工总承包及专业承包单位等组成的项目安全生产标准化自评机构，在项目施工过程中每月主要依据《建筑施工安全检查标准》JGJ 59—2011 等开展安全生产标准化自评工作。

（3）建筑施工企业安全生产管理机构应当定期对项目安全生产标准化工作进行监督检查，检查及整改情况应当纳入项目自评材料。

（4）建设、监理单位应当对建筑施工企业实施的项目安全生产标准化工作进行监督检查，并对建筑施工企业的项目自评材料进行审核并签署意见。

（5）对建筑施工项目实施安全生产监督的住房城乡建设主管部门或其委托的建筑施工安全监督机构（以下简称"项目考评主体"）负责建筑施工项目安全生产标准化考评工作。

（6）项目考评主体应当对已办理施工安全监督手续并取得施工许可证的建筑施工项目实施安全生产标准化考评。

（7）项目考评主体应当对建筑施工项目实施日常安全监督时同步开展项目考评工作，指导监督项目自评工作。

（8）项目完工后办理竣工验收前，建筑施工企业应当向项目考评主体提交项目安全生产标准化自评材料。

项目自评材料主要包括：

1）项目建设、监理、施工总承包、专业承包等单位及其项目主要负责人名录；

2）项目主要依据《建筑施工安全检查标准》JGJ 59—2011 等进行自评结果及项目建设、监理单位审核意见；

3）项目施工期间因安全生产受到住房城乡建设主管部门奖惩情况（包括限期整改、停工整改、通报批评、行政处罚、通报表扬、表彰奖励等）；

4）项目发生生产安全责任事故情况；

5）住房城乡建设主管部门规定的其他材料。

（9）项目考评主体收到建筑施工企业提交的材料后，经查验符合要求的，以项目自评为基础，结合日常监管情况对项目安全生产标准化工作进行评定，在 10 个工作日内向建筑施工企业发放项目考评结果告知书。评定结果为"优良""合格"及"不合格"。

项目考评结果告知书中应包括项目建设、监理、施工总承包、专业承包等单位及其项目主要负责人信息。

评定结果为不合格的，应当在项目考评结果告知书中说明理由及项目考评不合格的责任单位。

（10）建筑施工项目具有下列情形之一的，安全生产标准化评定为不合格：

1）未按规定开展项目自评工作的；

2）发生生产安全责任事故的；

3）因项目存在安全隐患在一年内受到住房城乡建设主管部门 2 次及以上停工整改的；

4）住房城乡建设主管部门规定的其他情形。

（11）各省级住房城乡建设部门可结合本地区实际确定建筑施工项目安全生产标准化优良标准。

安全生产标准化评定为优良的建筑施工项目数量，原则上不超过所辖区域内本年度拟竣工项目数量的 10%。

（12）项目考评主体应当及时向社会公布本行政区域内建筑施工项目安全生产标准化考评结果，并逐级上报至省级住房城乡建设主管部门。

建筑施工企业跨地区承建的工程项目，项目所在地省级住房城乡建设主管部门应当及时将项目的考评结果转送至该企业注册地省级住房城乡建设主管部门。

（13）项目竣工验收时建筑施工企业未提交项目自评材料的，视同项目考评不合格。

2. 企业考评

（1）建筑施工企业应当建立健全以法定代表人为第一责任人的企业安全生产管理体系，依法履行安全生产职责，实施企业安全生产标准化工作。

（2）建筑施工企业应当成立企业安全生产标准化自评机构，每年主要依据《施工企业安全生产评价标准》JGJ/T 77—2010 等开展企业安全生产标准化自评工作。

（3）对建筑施工企业颁发安全生产许可证的住房城乡建设主管部门或其委托的建筑施工安全监督机构（以下简称"企业考评主体"）负责建筑施工企业的安全生产标准化考评工作。

（4）企业考评主体应当对取得安全生产许可证且许可证在有效期内的建筑施工企业实施安全生产标准化考评。

（5）企业考评主体应当对建筑施工企业安全生产许可证实施动态监管时同步开展企业安全生产标准化考评工作，指导监督建筑施工企业开展自评工作。

（6）建筑施工企业在办理安全生产许可证延期时，应当向企业考评主体提交企业自评材料。企业自评材料主要包括：

1）企业承建项目台帐及项目考评结果；

2）企业主要依据《施工企业安全生产评价标准》JGJ/T 77 等进行自评结果；

3）企业近三年内因安全生产受到住房城乡建设主管部门奖惩情况（包括通报批评、行政处罚、通报表扬、表彰奖励等）；

4）企业承建项目发生生产安全责任事故情况；

5）省级及以上住房和城乡建设主管部门规定的其他材料。

（7）企业考评主体收到建筑施工企业提交的材料后，经查验符合要求的，以企业自评为基础，以企业承建项目安全生产标准化考评结果为主要依据，结合安全生产许可证动态监管情况对企业安全生产标准化工作进行评定，在 20 个工作日内向建筑施工企业发放企业考评结果告知书。评定结果为"优良""合格"及"不合格"。

企业考评结果告知书应包括企业考评年度及企业主要负责人信息。评定结果为不合格的，应当说明理由，责令限期整改。

（8）建筑施工企业具有下列情形之一的，安全生产标准化评定为不合格：

1）未按规定开展企业自评工作的；

2）企业近三年所承建的项目发生较大及以上生产安全责任事故的；

3）企业近三年所承建已竣工项目不合格率超过 5%的（不合格率是指企业近三年作为项目考评不合格责任主体的竣工工程数量与企业承建已竣工工程数量之比）；

4）省级及以上住房城乡建设主管部门规定的其他情形。

（9）各省级住房城乡建设部门可结合本地区实际确定建筑施工企业安全生产标准化优良标准。

安全生产标准化评定为优良的建筑施工企业数量，原则上不超过本年度拟办理安全生产许可证延期企业数量的 10%。

（10）企业考评主体应当及时向社会公布建筑施工企业安全生产标准化考评结果。

对跨地区承建工程项目的建筑施工企业，项目所在地省级住房城乡建设主管部门可以参照此办法对该企业进行考评，考评结果及时转送至该企业注册地省级住房城乡建设主管部门。

（11）建筑施工企业在办理安全生产许可证延期时未提交企业自评材料的，视同企业考评不合格。

3. 奖励和惩戒

（1）建筑施工安全生产标准化考评结果作为政府相关部门进行绩效考核、信用评级、诚信评价、评先推优、投融资风险评估、保险费率浮动等重要参考依据。

（2）政府投资项目招投标应优先选择建筑施工安全生产标准化工作业绩突出的建筑施工企业及项目负责人。

（3）住房城乡建设主管部门应当将建筑施工安全生产标准化考评情况记入安全生产信用档案。

（4）对于安全生产标准化考评不合格的建筑施工企业，住房城乡建设主管部门应当责令限期整改，在企业办理安全生产许可证延期时，复核其安全生产条件，对整改后具备安全生产条件的，安全生产标准化考评结果为"整改后合格"，核发安全生产许可证；对不再具备安全生产条件的，不予核发安全生产许可证。

（5）对于安全生产标准化考评不合格的建筑施工企业及项目，住房城乡建设主管部门应当在企业主要负责人、项目负责人办理安全生产考核合格证书延期时，责令限期重新考核，对重新考核合格的，核发安全生产考核合格证；对重新考核不合格的，不予核发安全生产考核合格证。

（6）经安全生产标准化考评合格或优良的建筑施工企业及项目，发现有下列情形之一的，由考评主体撤销原安全生产标准化考评结果，直接评定为不合格，并对有关责任单位和责任人员依法予以处罚。

1）提交的自评材料弄虚作假的；

2）漏报、谎报、瞒报生产安全事故的；

3）考评过程中有其他违法违规行为的。

参 考 文 献

[1] 江苏省建设教育协会.《标准员专业管理实务（第二版）》[M].北京：中国建筑工业出版社，2018

[2] 中国土木工程学会总工程师工作委员会.《绿色施工技术与工程应用》[M].北京：中国建筑工业出版社，2018

[3] 中建五局文件.《中建五局项目质量计划编制指南》《中建五局科技管理手册》《中建五局现场施工安全生产标准化实施细则》